国际建筑工程安全管理工作手册

SAFETY MANAGEMENT MANUAL FOR INTERNATIONAL CONSTRUCTION PROJECTS

李　森　张一擎　主编

中国建筑工业出版社

图书在版编目（CIP）数据

国际建筑工程安全管理工作手册 = SAFETY MANAGEMENT MANUAL FOR INTERNATIONAL CONSTRUCTION PROJECTS / 李森， 张一擎主编. -- 北京 ：中国建筑工业出版社， 2024. 6. -- ISBN 978-7-112-29980-5

Ⅰ. TU714-62

中国国家版本馆 CIP 数据核字第 20244225LS 号

责任编辑：万　李　张　磊
责任校对：李美娜

国际建筑工程安全管理工作手册
SAFETY MANAGEMENT MANUAL FOR INTERNATIONAL CONSTRUCTION PROJECTS
李　森　张一擎　主编

*

中国建筑工业出版社出版、发行(北京海淀三里河路 9 号)
各地新华书店、建筑书店经销
北京鸿文瀚海文化传媒有限公司制版
北京君升印刷有限公司印刷

*

开本：787 毫米×1092 毫米　1/16　印张：13　字数：253 千字
2024 年 8 月第一版　　2024 年 8 月第一次印刷
定价：**58.00** 元
ISBN 978-7-112-29980-5
(42675)

本书编写委员会

EDITORIAL COMMITTEE

HSE Health Safety and Environment

主编单位： 中建一局集团建设发展有限公司

主任委员： 林佐江

副主任委员： 周予启

主　　编： 李　森　张一擎

副 主 编： 史春芳　宋　煜　赵海涛　韩弋戈　李健康　李　维

编写人员： 史春芳　宋　煜　赵海涛　韩弋戈　苏　岩　李健康　李　维　黄叶青　李　越　刘畅湘　赵瑞艳　张秀川　刘飞龙　孔　军　姜　伟　芮　哲　郝　璐　于鑫源　丁浩哲　胡建新

HSE Health Safety and Environment

前　言

FOREWORD

HSE Health Safety and Environment

随着“一带一路”倡议的推进，我国工程企业在国际工程市场中迎来了新的机遇和广阔的发展空间。在此背景下，我国工程企业积极“走出去”承揽海外业务，深度参与国际工程市场竞争，并不断发展壮大。面对新形势下海外市场开拓的战略需要，加强国际工程管理人才的培养，成为实现我国对外经济合作可持续发展，落实“一带一路”倡议的当务之急。

工程安全管理体系作为国际工程项目管理的关键环节和评价标准，已成为评判工程承包商竞争力以及能否提供高质量服务的重要参考因素。为此，企业应采取一系列措施强化对工程项目的安全管理。首先，要求参与国际建筑工程的所有员工遵守安全手册的管理规定，并遵循项目所在国家及地区的安全、健康、环境方面的法律法规。其次，企业应采用保护员工、客户和环境的方式进行项目运营管理，并符合其制定的环境方针。最后，员工之间需密切合作，并严格遵守既定的安全规定、法规、政策以及对安全责任的承诺，同时还要建立、遵循和维护相关管理制度和技术要求，以确保工程安全管理工作得以顺利完成。此外，针对工程中高风险作业的安全管理，也需要制定专门的工作步骤和安全保障程序。因此，构建符合国际标准的工程安全管理体系，规范并强化企业的安全管理，越来越成为工程承包商开拓国际工程市场、提升自身竞争力的首要选择。

为便于广大工程从业人员更好地掌握国际建筑工程安全管理实践方法，提高工作效率与安全管理水平，由中建一局集团建设发展有限公司作为主编单位，组织具有国际建筑工程安全管理实践经验的资深专家组成编写组，起草编制了《国际建筑工程安全管理工作手册》(以下简称《手册》)。

本《手册》共分为五章，分别从国际建筑工程安全承诺与环境方针、安全管理基本要求、安全技术要求、高风险作业安全管理、工作安全分析等方面，对国际建筑工程安全管理的实用内容进行了全面介绍，并提供了安全管理程序文件、表格等样例供读者参考。通过阅读本书，读者能较为清晰地了解国际建筑工程安全管理模式，并在实际应用中得到有效指导。

在本《手册》编写和统稿过程中，得到了许多业内人士的大力支持，在此由衷表示感谢。请特别注意，本书所引用的数据和表格只针对特定地区和特定项目，读者在执行具体国际项目时，还应以所在地区和雇主的要求为准。同时，由于各位编者所执行的项目存在地域差异，同时对国际建筑工程安全管理工作的理解角度不尽相同，本《手册》难免存在疏漏、不完善、不确切甚至不妥之处，恳请广大读者予以指正。

中建一局集团建设发展有限公司党委书记、董事长

HSE Health Safety and Environment

目　录

CONTENTS

HSE Health Safety and Environment

第1章

安全承诺与环境方针

Security Commitment and Environmental Policy

Health Safety and Environment

1.1 安全承诺 Security Commitment

1.1.1 遵循规则 Follow the Rules

作为一项雇佣条件，企业应要求其参与国际建筑工程的所有员工遵守安全手册，遵循项目所在国家及地区所有的安全、健康及环境方面的法律法规的要求。初次雇佣的员工应接受关于安全规则和政策的指导。鼓励员工将任何危险行为告知其主管领导。

1.1.2 遵循原则 Follow a Principle

遵守安全规则和政策是安全程序的一部分。企业上自管理层下至员工必须致力于做好安全工作，并对自己的行为负责。通过健全的管理体系、开放的沟通渠道和将安全作为一种价值观的个人承诺来实现。企业将投入必要的资源来提供充分的安全教育和培训。考虑到这些前提，项目部应遵循以下原则：

（1）安全是开展任何工作的前提；

（2）安全是每个员工的责任；

（3）安全绝不能妥协；

（4）一切事故或伤害都可以预防；

（5）零伤害的工作环境是有可能的；

（6）管理层和员工应共同营造一个安全的工作环境。

企业的安全程序不应被书面文件所限制，且企业应鼓励员工提出有助于改进安全程序的意见，创造出零伤害、零损失的优质产品。

1.2 环境方针 Environmental Policy

企业应采用保护员工、客户和环境的方式进行项目运营管理，且项目运营管理应符合企业的环境方针。环境方针的贯彻落实应由企业环境管理体系作指导，环境管理体系将会持续改进以实现以下目标。

1.2.1 遵从法规 Regulatory Compliance

企业将满足或超过所有现行的国家及地方环境法律法规的要求。

1.2.2 防止污染 Prevention of Pollution

企业寻求以具有成本效益的方式在运营中避免产生污染和不必要的废弃物，并通过具有安全保障的方式和供应商管理剩余的废弃物。企业应对设备和车辆进行管理，以尽量减少污染。

1.2.3 保护 Conservation

企业将经济高效地回收并再利用材料以节约能源和水资源，努力减少自然资源的消耗。

1.2.4 排放和废水 Emissions and Effluents

企业将努力进行排放物和污水的治理，方法是采用成本效益高的操作方法进行控制，努力监控操作指标，并在必要时实施纠正和预防措施。

1.2.5 生态和栖息地 Ecology and Habitats

企业将依照现行法规及地方条例保护栖息地、湿地和其他敏感的生态资源。

1.2.6 信息沟通 Communication

企业将向所有员工传达环境方针，并向公众公布，构建接收及回复外部来询的平台。在项目运营过程中，项目部将成为一个对环境负责的团队，并以一个负责任的态度，纠正危害健康、安全或环境的行为或情况，及时向有关部门报告，并通知所有可能受此影响的人。

第2章

国际建筑工程安全管理基本要求

Basic Requirements for Safety Management of International Construction Projects

2.1 安全组织、职责和执行 Safety Organization，Responsibilities and Enforcement

2.1.1 范围 Scope

项目经理、监理、主管和分包商的职责。

2.1.2 概述 Introduction

安全计划的成功依赖于员工之间的合作和对既定的安全规定、法规、政策以及安全责任承诺的严格遵守。虽然管理层和员工共同承担安全责任，但管理层必须制定相关规定，对违反安全规定的人进行处罚。拒绝遵守安全规定的个人将被书面警告，并被从项目中除名。

2.1.3 要求 Requirements

（1）项目经理

项目经理负责安全计划的整体管理和执行。

1）计划和执行所有工作，以符合安全计划的既定目标；

2）授权对不安全行为或低于安全标准的行为采取纠正措施；

3）提供员工防护装备；

4）向员工提供培训以应对任何可能的危险情况；

5）遵守所有适用的国家及地区安全和健康标准；

6）审查所有事故并制定预防措施。

（2）监理

监理负责日常安全计划的监督。

1）对项目进行安全检查，并指导员工或分包商采取必要的纠正措施消除不安全的行为；

2）在分包商进入项目之前，向他们解释安全规定；

3）参加分包商安全会议并评估其安全管理方案有效性；

4）向项目经理报告项目安全状况；

5）召开安全会议；

6）确定员工需要的个人防护装备；

7）及时报告和记录所有事故事件调查的结果；

8）监督对受伤员工的急救管理；

9）及时向员工进行事故事件通报。

（3）主管

主管负责员工层面安全计划的执行。

1）在分配工作时，对员工进行安全教育和培训；

2）确保员工接受分配给他们的每项工作任务；

3）为员工提供适当的防护设备和工作工具，监督此类设备的正确使用；

4）监控每天的现场状况，立即纠正任何不安全的情况及做法，向监理或项目经理报告此类行为；

5）让员工了解并执行所有现行的安全规定；

6）对所有事故进行彻底调查，以确定事实真相；

7）协助完成要求的事故报告。

（4）分包商

每个分包商应直接负责并防止其员工在不安全、不健康或不卫生的条件下工作，必须遵守所在国家及地区的职业安全与健康法律法规的要求，不允许无视公认的健康、安全和环境标准。

1）应制定分包商药物和酒精管理规定，该规定应作为项目安全计划的一部分，对药物及酒精的使用进行管理；

2）监控并禁止使用不安全的机械、工具、材料或设备；

3）仅允许合格的员工操作设备和机器；

4）指导员工学习工作环境中涉及的所有法规，以及识别和避免所有不安全的行为；

5）指导员工安全处理和使用易燃液体、易燃气体、有毒材料、毒药、腐蚀剂和其他有害物质，应使员工了解潜在的危险和所需的个人防护装备；

6）为进入有危险性质的受限或封闭空间的员工提供必要的培训，此外，使员工进入受限或封闭空间时采取必要的预防措施以及正确使用个人防护装备和应急设备，并及时提出建议；

7）提供项目所需的材料安全数据表，并向项目管理层提供一份副本；

8）召开每周安全会议，并向项目管理层提供一份会议记录副本，或参加项目组织召开的每周安全会议。

（5）员工安全管理办法

企业非常重视提供一个安全健康的工作环境，制定安全规则和条例，旨在实现项目“零事故绩效”的目标。

渐进式纪律是处理不符合预期绩效标准的办法。它的主要目的是帮助员工发现当前存在的问题并进行改进。

这种管理办法的典型步骤是:

1）就员工的不良表现进行问询，并确定员工对管理要求的理解，确定是否进行再培训或采取其他的补救措施;

2）口头批评表现不佳的员工;

3）在员工档案中留存口头警告的书面报告;

4）增加员工停薪留职的天数，解雇表现不佳的员工。

必须认识到，有些情况下需要对员工立即解雇。公然将他人置于危险境地的行为，或故意误用设备以造成他人财产损失或伤害的行为是不可容忍的。

（6）个人停工权

1）当员工看到不安全的事情时，可以选择停工;

2）员工要对自己的安全负责，不要做不安全的事情;

3）员工应对他人的安全负有责任，不要让他人做不安全的事情;

4）员工有责任向其主管报告所有安全事故，包括自己所涉及的伤害或事故;

5）员工应立即向主管或安全部门报告所有安全问题，如有必要，通过企业内任何可用的渠道来提升安全保障。

2.1.4 所需的表格 Required Forms

（1）员工面谈记录见表 2-1。

（2）安全日志见表 2-2。

（3）安全观察/干预表见表 2-3。

（4）施工监理安全检查清单见表 2-4。

员工面谈记录 表 2-1

员工姓名:	
员工编号:	
项目编号:	
面试日期:	
活动:(勾选一项) 商讨□ 提拔□ 解聘□ 其他(详细说明)□	
扣减安全激励计划小时数:	
扣减出勤激励计划小时数:	
沟通情况:	
主管签字:	签字日期:
员工签字:	签字日期:

安全日志　　表 2-2

工作地点与位置		安全监督人员	
项目开始时间		项目结束时间	

A	B	C
日期	记录人	意见
签字	职务	日期

安全观察/干预表　　**表 2-3**

行为类别	安全	危险	措施	评价
A. 个人防护装备				
安全帽				
护目镜				
钢头靴				
听力保护				
跌落保护				
安全背心				
安全带				
B. 工具和设备				
生产所需的工具/设备				
工具/设备状况良好				
进行巡视检查				
使用后存放的工具和设备				
C. 挖沟/挖掘				
确定电缆电线、管道管线等位置，启动开关，挂警示牌和落锁				
斜坡稳定				
设备操作安全法则				
安全检查员已检查沟渠				
地面人员撤离				
D. 零电能释放				
零能量（阻挡、隔离等）				
所有升起的零件降下				
确定电缆电线、管道管线等位置				
E. 滑倒、绊倒和跌倒				
四肢保持三点抓稳踩稳				
内务管理				

续表

行为类别	安全	危险	措施	评价
已识别的危险				
正确使用梯子				
F. 危险识别				
任务前规划				
许可完成/动火作业等				
G. 关键行为				
安全带				
进行巡视检查				
确定电缆电线、管道管线等位置，启动开关，挂警示牌和落锁				
四肢保持三点抓稳踩稳				
安全或不安全行为的详细信息（选填）：				

施工监理安全检查清单　　表 2-4

日期:	
位置:	工作编号:
主管:	工作人员:
项目	**评价/纠正措施**
内务管理	
饮用水/卫生要求/急救包	
电气（如适当的接地、上锁和标签、漏电保护开关……状况良好，已检查）	
适当的个人防护装备	
走道/工作表面（梯子、地板开口）	
电动工具（防护装置到位）	
起重机/索具设备（例如吊索……正确储存和检查）	
挖掘（适当倾斜或进行支撑，并做好检查）	
易燃物/可燃物	
现场所需材料安全数据表	
脚手架系统（标签、检查）	
适当的屏障/警告标志	
与工作有关的其他项目	
评价:	

2.2 项目安全管理要求 Requirements for Projects Safety Management

2.2.1 范围 Scope

建设项目启动时必须对有关安全条款进行审核、公示、提供或给出。

2.2.2 概述 Introduction

安全程序的成功依赖于员工的合作和对既定的安全规则、法规、政策以及安全价值承诺的严格遵守。本节是对施工现场安全工作的最低要求。

2.2.3 要求 Requirements

（1）建立接受紧急医疗救助的程序。

（2）确定到最近的急诊室、诊所或医生办公室的位置和路线。

（3）提供随时可用的交通工具或通信系统，以便联系救护车运送受伤或生病的员工。

（4）确保医疗设备随时可用，或者至少有一名持有急救/心肺复苏术培训有效证书的员工在工作现场。

（5）在工作现场，急救箱应放在防风雨的容器中，每个物品都应有密封包装。

（6）紧急电话号码应张贴在电话机附近。

（7）设置一个员工可以接触到的公告板。内容应包括：

1）职业安全与健康海报；

2）员工补偿海报；

3）紧急电话号码，即消防队、救护车、医院的电话号码；

4）企业安全规定；

5）起重机手势信号图；

6）安全海报；

7）疏散平面图等。

（8）以下内容应存档，以备需要时使用。

1）职业安全与健康标准常用表格；

2）企业损失报告；

3）安全会议报告表；

4）医疗服务申请表；

5）员工安全培训手册等。

（9）应准备好以下个人防护装备：

1）员工、访客和供应商的安全帽；

2）带有侧护板和透明镜片的安全眼镜；

3）带间接通风的安全护目镜、化学护目镜；

4）一次性泡沫耳塞；

5）适当的一次性呼吸器；

6）适用于压实机或路面破碎机的金属护趾板；

7）带硬帽附件的面罩；

8）带减振绳的全身安全带等。

（10）准备一次性杯子及饮用水。

（11）保证每 15 名员工 1 个蹲位。

（12）设置灭火器。

（13）设置垃圾、废料和废物容器。

2.2.4 所需的表格 Required Forms

（1）安全计划工作表见表 2-5。

（2）安全培训要求工作表见表 2-6。

（3）作业前任务危害分析表见表 2-7。

（4）危害和风险工作表见表 2-8。

（5）安全效能报告见表 2-9。

安全计划工作表 表 2-5

工作地点或位置			
编制人		日期	
工作任务		完成	评价
审查并理解施工前时间表		□	
审查提出的施工前计划		□	
审查提出的资源需求		□	

续表

A	B	C	D
安全危害和风险基线列表	工作现场或地点的实际或潜在安全事件	总体风险级别［低（L）、中（M）、高（H）］	评价
火灾和易燃或可燃材料	□		
材料处理、储存、使用和处置	□		
手动和电动工具	□		
焊接和切割	□		
安全用电	□		
脚手架的搭设和使用	□		
跌落	□		
提升和吊装	□		
机械化设备	□		
海上作业	□		
挖掘	□		
混凝土和砖石建筑	□		
钢结构安装	□		
地下工程	□		
拆除	□		
爆破和炸药	□		
电力传输和分配	□		
楼梯和梯子的使用	□		
执行潜水作业	□		
有毒有害物质	□		
打桩作业	□		
交通维护	□		

续表

工作任务	是或否	评价
是否有任何安全危害或风险（实际或潜在的安全事故）不属于上述列表中的 22 种危害？ 如果存在上述情况，请列出并联系相应的安全经理，以帮助建立危险分析安全管理程序		

A	B	C	D
其他危害和风险	工作现场或地点的实际或潜在安全事件	总体风险级别［低（L）、中（M）、高（H）］	评价
	□		
	□		
	□		

工作任务	完成	评价
针对识别的每个危险，制定安全管理程序	□	
审查程序中规定的目标和指标	□	
审查程序中的监视和测量要求	□	
审查程序中的操作控制	□	
如有必要，修改操作控制程序以适应工作现场或位置	□	
根据需要修改程序中的组织架构、权力和责任、应急响应，以准确描述将遵循的程序	□	
进行适当的安全意识或安全导向培训	□	
进行所有要求的能力培训	□	

接受者	职务	日期

安全培训要求工作表　　表 2-6

工作地点或位置		所有者	
编制人		日期	
工作任务		**完成**	**评价**
审查并理解施工前时间表		☐	
审查提出的施工前计划		☐	
审查提出的资源需求		☐	

A	B	C	D
所需安全意识培训清单	需要培训	可用资源 （是或否）	评价
安全培训视频	☐		
其他培训需求	☐		
项目特定健康及安全简要报告	☐		

工作任务	**完成**	**评价**
除了安全意识之外，是否有其他任何能力培训要求？ 如果是，请列出并联系适当的安全或培训经理，以获得资源和时间安排方面的帮助	☐	

A	B	C	D	E
所需能力培训清单	需要培训	可用资源 （是或否）	计划完成 （是或否）	评价
	☐			
	☐			
	☐			
	☐			
	☐			
	☐			
	☐			

批准人	**职务**	**日期**

作业前任务危害分析表 表 2-7

编制人：					
工作描述：					
操作位置：					
已知或潜在的危险					
如果适用，请勾选					
	是	**否**		**是**	**否**
受限空间			吊装工具和索具		
热加工			重复运动		
跌落保护			危险的位置		
挖掘/挖沟			噪声接触		
电缆电线、管道管线等			呼吸危害		
脚手架和梯子			标志和路障		
重型设备			混凝土工程		
锁定并标记			危险废物作业		
现场/车辆交通			领导工作		
电气危险			石棉作业		
材料安全数据表					
特定的危险分析和安全工作要求 **进一步评估已知和/或潜在危险，并在后续页面中确定具体措施**					
最低着装/个人防护装备要求：安全帽、安全眼镜、长裤、有袖衬衫 监督： 日期：					

工作活动	存在危险	安全措施

危害和风险工作表 **表 2-8**

工作地点或位置		预测天气	
编制人		时间/周	从第（　　）周到（　　）周

A	B	C	D	E	F
活动或描述	适用的安全管理程序	操作控制是否到位（**是或否**）	资源是否足以安全开展活动（**是或否**）	控制危险的程序是否足够清晰和实用（**是或否**）	最近的培训是否充分和彻底控制危险（**是或否**）

注：对于以上任何回答为“否”的项目，请在下面解释并完成第二部分的每项活动。

活动或描述	以上回答为“否”的理由

续表

<table>
<tr><td colspan="2">第二部分 □定稿□草稿</td><td colspan="2">活动：</td></tr>
<tr><td colspan="2">活动地点：</td><td colspan="2">任务描述：</td></tr>
<tr><td colspan="4">描述为什么正常的操作控制不充分——发生了什么变化：</td></tr>
<tr><td colspan="4">描述将采取哪些新的或不同的控制措施：</td></tr>
<tr><td>行动</td><td>签字</td><td>职务</td><td>日期</td></tr>
<tr><td>准备</td><td></td><td></td><td></td></tr>
<tr><td>批准</td><td></td><td></td><td></td></tr>
<tr><td colspan="4">以上建议的纠正措施已实施完成：</td></tr>
<tr><td>行动</td><td>签字</td><td>职务</td><td>日期</td></tr>
<tr><td>证明</td><td></td><td></td><td></td></tr>
<tr><td>接受</td><td></td><td></td><td></td></tr>
</table>

安全效能报告　　　　表 2-9

工作地点或位置		类型	启动□ 月度/期末考核□
编制人		日期	从（　　）到（　　）

A	B	C	D	E
运营单位安全隐患及风险清单	检查在本报告期内是否存在	风险等级[低（L）、中（M）、高（H）]	适合风险水平的控制措施**（是或否）**	这期间发生过什么意外吗**（是或否）**
火灾和易燃或可燃材料	□			
材料处理、储存、使用和处置	□			
手动和电动工具	□			
焊接和切割	□			
安全用电	□			
脚手架的搭设和使用	□			
跌落	□			
提升和吊装	□			
机械化设备	□			
海上作业	□			
挖掘	□			
混凝土和砖石建筑	□			
钢结构安装	□			
地下工程	□			
拆除	□			
爆破和炸药	□			
电力传输和分配	□			
楼梯和梯子的使用	□			
执行潜水作业	□			
有毒有害物质	□			
打桩作业	□			
交通维护	□			

续表

危害和风险控制	是或否	评价
所识别的每个危险的安全管理程序是否每周都被审查和批准		
自从上次采用安全效能报告以来，是否有影响运营控制范围的重大变更		
资源的类型/数量/能力/条件是否足以控制危害和风险		
施工计划是否充分且经过沟通，以便对每种危害和风险实施控制		
能力培训是否足以安全地完成工作任务和活动		
是否对所有重大事故进行了根本原因分析		
基于根本原因分析，是否采取了纠正和预防措施来纠正问题		
运营单位管理团队是否从高级管理层获得了必要的支持和领导，从而能够控制危险		

每月运营单位安全统计	统计数据	评价
企业员工的工作时间		
报告月份的平均员工人数		
可记录的案例		
损失时间案例		
不上班的天数		
涉及工作调动或限制职务的案件		
涉及受限制职务工作调动的天数		
分包商的工作时间		
分包商可记录案例		
分包商损失时间案例		
以上未包括事故的数量		

续表

简要描述人员、设备和财产的所有伤害、疾病和事故	负责的主管	采取的纠正和预防措施

列出并简要描述已完成的能力培训	人数	评价

内部或外部审计	日期	结果

接受者	职务	日期
	安全监督	
	主管	
	运营区域经理	

项目	补充说明和评价

2.3 职业安全与健康管理要求 Requirement for Occupational Safety and Health Management

2.3.1 范围 Scope

符合所在国家职业安全与健康法律法规规定的相关程序。

2.3.2 概述 Introduction

企业政策允许监管机构的代表进行检查。

2.3.3 要求 Requirements

（1）监管机构检查

1）到达现场后，检查员将被带到项目办公室。

2）项目部通知所有监理人员，在现场等待检查员的检查。

3）项目部将通知客户和区域安全经理。

4）检查员应等待企业指定的代表。

5）如果企业代表在30～60min内不能到达现场，项目部应告知检查员。按企业政策要求，在检查时企业代表必须在场，没有企业代表到场，检查员不能进入现场进行检查。

6）企业代表到场后，检查员将组织召开首次会议。此时，企业代表审查检查员的资格证书。

7）如果检查员没有提到检查的原因，企业代表应该询问为什么要进行检查，应了解检查的依据，并把检查范围限制在检查的原因上。例如，如果检查员想检查一台起重机，就只检查这台起重机。

8）首次会议结束后，检查员将进入现场进行检查。

9）在整个检查过程中，企业代表应陪同检查员。这一要求的唯一例外是检查员要求与项目员工私下交谈。在机构询问时员工享有隐私权，除非员工放弃该权利。

10）在整个检查过程中，企业代表应对检查员彬彬有礼，并回答所有问题。不需要详细地解释，因为这样会使他们延长检查时间。

11）企业代表或任何其他员工在回答问题时应持较为肯定的语气。

12）如果企业目前正在对项目发生的事故进行调查，且调查尚未完成，需推迟回答检查员提出的有关问题，直到事故调查工作完成。

13）除商业秘密外，检查员有权在检查期间拍照和取样。如果检查员采取了这些措施，企业代表也应采取同样的措施。

14）企业代表应：

a. 详细记录检查的范围；

b. 列出检查员询问过的员工；

c. 记录检查员明显感兴趣的问题；

d. 记录检查员所作的评价；

e. 记录检查过程中观察到的情况。

15）检查完成后，企业代表应要求召开末次会议。应当有不止一名企业代表在场，以确保企业更好地理解检查员所作的所有陈述。

16）末次会议结束后，企业代表应准备一份详细的检查报告，包括所有记录、笔记、样本、照片等。这些都是在检查过程中制作或拍摄的。

（2）引文

如果当地政府对项目进行了检查，且检查员认为发现的情况不符合法律规定，则将对所指控的违规行为的性质在书面引文中加以描述，并参考法律的适用规定。

（3）引文的发布

职业安全与健康管理都要求在引文中提到的违规行为发生的地方或附近醒目地张贴所有引文中的副本。在所有违规行为得到纠正为止或3个工作日内（以时间较长者为准），必须保持张贴状态。工作日定义为周一至周五，不包括周末和政府规定节假日。

（4）同意

在将建议的处罚通知企业后，企业有权对引文中和建议的处罚的任何或所有部分提出异议。如果企业未能在15天期限内提出异议，引文中和建议的处罚将被视为最终命令，不受任何法院或机构的审查。

（5）减轻

企业可提交通知（信函），质疑引文中所述时间的合理性以减轻被指控行为的违规程度。没有争议的违规行为必须在引文中注明的特定期限内予以纠正。如果未能在规定期限内进行纠正，将导致未纠正的违规行为每天均受到进一步处罚。及时纠正被指控的违规行为不影响最初建议的处罚。任何故意提供虚假信息的人将被处以罚款和/或监禁。

2.4 安全教育培训 Safety Education，Training and Promotion

2.4.1 范围 Scope

制定精心策划的安全教育、培训计划。

2.4.2 概述 Introduction

该计划包括新员工安全培训、主管安全培训和每周安全会议等。

2.4.3 要求 Requirements

（1）新员工安全培训

对雇佣的新员工应进行安全培训，安全培训主要包括以下内容：

1）要求员工在安全工作中遵守安全计划。

2）伤害和疾病的报告程序。

3）员工必须参加每周的安全会议，鼓励员工就项目安全提出问题、建议和投诉。

4）每个员工都必须向他们的主管报告所有不安全的行为或情况。

5）员工面谈记录将用于通知员工其存在不安全行为。如果收到通知信的员工再次违反通知信中的规定，该员工将被从项目中除名。

6）正确使用个人防护装备是强制性的要求，穿戴个人防护装备的每个员工都应接受正确使用的指导。

7）在发生严重伤害、火灾或需要疏散的情况下，应告知每位员工既定的项目应急程序。

（2）主管安全培训

每个主管都有必要了解他们的安全责任。该安全培训将强调安全手册，并明确以下责任：

1）安全工作区域——主管应熟悉工作人员的工作区域，并确保维持安全条件；

2）安全工作实践——分配工作任务的主管应确保进行安全实践、工作方法和所需个人防护装备方面的指导；

3）应急程序——每个监理都应完全熟悉项目应急程序；

4）事故调查——要求主管积极参与所有事故和事件的调查。

（3）安全会议

1）主管应与其员工参加安全会议，讨论与施工安全相关的工作实践和条件。

2）参加安全会议是强制性的要求，安全会议一旦确定，会议的日期、时间和地点不得随意更改。

（4）企业主题培训

企业为员工提供以下主题的培训和教育：

1）安全

a. 坠落预防/坠落保护；

b. 消防安全；

c. 受限空间；

d. 落锁-警示标记；

e. 消防观察/动火作业许可证；

f. 挖沟和挖掘；

g. 电气安全；

h. 切割和焊接；

i. 个人防护装备；

j. 索具-材料搬运；

k. 脚手架；

l. 叉车操作（如适用）；

m. 设备操作员任务培训和许可。

2）健康

a. 呼吸保护；

b. 铅；

c. 镉；

d. 砷；

e. 硅石；

f. 血源性病原体；

g. 听力保护。

注： b、c、d、e 项仅在需要时提供。

3）其他

a. 危险通信；

b. 危险废物操作和应急响应/再培训；

c. 急救/心肺复苏术；

d. 过程安全管理；

e. 事故调查；

f. 零事故环境。

2.4.4 所需的表格 Required Forms

（1）培训出勤记录表见表 2-10。

（2）安全计划工作表见表 2-11。

（3）安全培训要求工作表见表 2-12。

（4）工具箱安全会议表见表 2-13。

（5）每周安全报告见表 2-14。

（6）新员工岗前培训表见表 2-15。

（7）分包商检验报告见表 2-16。

培训出勤记录表 **表 2-10**

工作地点或位置		所有者	
编制人		日期	

培训师	
涵盖的主题： ☐安全意识培训视频版本 ☐安全意识培训文本版本 ☐能力培训（在下面列出主题）	

参训人员姓名	身份证号	签字

续表

参训人员姓名	身份证号	签字

安全计划工作表　　表 2-11

工作地点或位置		工作地点或位置号	
编制人		日期	
工作任务	完成	评价	
审查并理解施工时间表	□		
审查提出的施工计划	□		
审查提出的资源需求	□		

A	B	C	D
安全危害和风险基线列表	工作现场或地点的实际或潜在安全事件	总体风险级别［低（L）、中等（M）、高（H）］	评价
火灾和易燃或可燃材料	□		
材料处理、储存、使用和处置	□		
手动和电动工具	□		
焊接和切割	□		
安全用电	□		
脚手架的搭设和使用	□		
跌落	□		
提升和吊装	□		
机械化设备	□		
海上作业	□		
挖掘	□		
混凝土和砖石建筑	□		

续表

A	B	C	D
安全危害和风险基线列表	工作现场或地点的实际或潜在安全事件	总体风险级别 [低（L）、中等（M）、高（H）]	评价
钢结构安装	□		
地下工程	□		
拆除	□		
爆破和炸药	□		
电力传输和分配	□		
楼梯和梯子的使用	□		
执行潜水作业	□		
有毒有害物质	□		
打桩作业	□		
交通维护	□		

工作任务		是或否	评价
是否有任何安全危害或风险（实际或潜在的安全事故）不符合上述列表中的 22 种危害？ 如果是这样，请列出并联系相应的安全经理，以帮助建立危险分析安全管理程序			
A	B	C	D
其他危害和风险	工作现场或地点的实际或潜在安全事件	总体风险级别 [低（L）、中等（M）、高（H）]	评价
	□		
	□		
	□		

工作任务	完成	评价
针对识别的每个危险，制定安全管理程序	□	
审查程序中规定的目标和指标	□	
审查程序中的监视和测量要求	□	
审查程序中的操作控制	□	
如有必要，修改操作控制程序以适应你的工作现场或位置	□	
根据需要修改程序中的组织架构、权力和责任、应急响应，以准确描述你将遵循的程序	□	

续表

工作任务	完成	评价
进行适当的意识或安全导向培训	□	
进行所有要求的能力培训	□	

接受者	职务	日期

安全培训要求工作表　　表 2-12

工作地点或位置		所有者	
编制人		日期	

工作任务	完成	评价
审查并理解施工前时间表	□	
审查提出的施工前计划	□	
审查提出的资源需求	□	

A	B	C	D
所需安全意识培训清单	需要培训	可用资源（是或否）	评价
安全培训视频	□		
其他培训需求	□		
项目特定健康及安全简要报告	□		

	完成	评价
除了意识之外，是否有其他任何能力培训要求？ 如果是，请列出并联系适当的安全或培训经理，以获得资源和时间安排方面的帮助	□	

A	B	C	D	E
所需能力培训清单	需要培训	可用资源（是或否）	计划完成（是或否）	评价
	□			
	□			

续表

A	B	C	D	E
所需能力培训清单	需要培训	可用资源（是或否）	计划完成（是或否）	评价
	□			
	□			
	□			
	□			

批准人	标题	日期

工具箱安全会议表 **表 2-13**

工作编号:	日期:	时间:
安全主题:	环境政策主题:	
与会者:		
注：机会均等 现场考官:	日期:	

每周安全报告 **表 2-14**

<table>
<tr><td>项目名称(号)</td><td></td><td>周末日期</td><td></td></tr>
<tr><td>每周安全工作时间</td><td></td><td>工作的员工人数</td><td></td></tr>
<tr><td>工作至今安全工作时间</td><td></td><td>分包商安全时间</td><td></td></tr>
<tr><td>未遂事件
（是或否）</td><td>急救
（是或否）</td><td>设备损坏
（是或否）</td><td>财产损坏
（是或否）</td></tr>
<tr><td></td><td></td><td></td><td></td></tr>
<tr><td colspan="4">每周工具箱安全会议讨论的安全主题：</td></tr>
<tr><td colspan="4">现场分包商：</td></tr>
<tr><td colspan="4">与分包商在现场讨论的安全话题：</td></tr>
<tr><td colspan="4">一周内完成的相关培训内容：</td></tr>
<tr><td colspan="4">有关安全问题：</td></tr>
<tr><td colspan="4">有关环境问题：</td></tr>
<tr><td colspan="4">项目经理：　　　　日期：　　　　安全负责人：　　　　日期：</td></tr>
<tr><td colspan="4">注：每周安全报告一式三份，一份给总部，一份给业主，一份给项目办公室</td></tr>
</table>

新员工岗前培训表 **表 2-15**

姓名:	岗位:	雇佣日期:
员工应在每个培训项目后面签字		
就业前药物筛查		
个人保护设备		
商业道德和行为		
门户开放政策		
同等就业机会		
困扰		
意外预防		
应急行动计划/号码		
安全培训		
急救/紧急护理		
安全和健康问题的报告		
责任		
工作地点		
工作安全分析		
防火		
现场交通		
危险通信		
信息/公告板		
车辆的使用		
重型设备的使用		
工作时间		
标志路障		
电线和工具		
受限空间		
跌落保护		
恶劣天气		
内务		
纪律		
任务前安全		
新员工签字:		监督人签字:

分包商检验报告　　表 2-16

项目名称:	检验日期:
	检验员:
城市:	联系人:
检验起始时间: 上午/下午	照片张数:
检验完成时间: 上午/下午	照片从____到____

1. 概述	是	否	评价
展示项目工作安全和健康保护海报			
公布就业机会政策			
事故预防、警告、安全标志和公告			
可用库存材料安全数据表培训和文档			
整个工作期间的适当照明			
公共街道上的通道区域保持清洁			
施工路障和围栏状况良好			
妥善处理建筑垃圾			
提供充分的公共保护			
所有施工拖车的台阶带扶手			
覆盖凸出的钢筋以保护工人			
员工佩戴全身安全带			
为墙、柱、梁提供适当保护的平台			
限制进入区			
手移开后抹平机自动关闭			
砖石锯子由刀片上的外壳保护			
高度超过 2.4m 的砖石墙有足够的支撑			
根据制造商建议安装支撑			
向上倾斜面板周围的区域仅限于工作人员使用			
与工作人员一起审查安装的安全要求			
钉子是否已移除，剥离木材是否已保护			
2. 拆除	**是**	**否**	**评价**
工程师已审查结构			
找到、封闭、关闭或控制电线电缆、管道管路等设施			
受保护的墙洞高度为 1m			

续表

2. 拆除	是	否	评价
受路障、标志保护的落料地板孔			
所有其他地板开口均已妥善覆盖			
相邻建筑需要支撑			
员工进入建筑物时提供适当的保护			
进出有正确标记和照明的楼梯/通道			
提供了足够的防火保护			
以安全的方式堆放材料			
不高于 2m 的砖块			
不高于 1. 8m 的砌块			
不超过 3m 的木材			
地板上装载的材料——在地板设计的限制范围内			
监督脚手架施工			
表面防滑			
扶手离地面 3m 以上的踢脚板			
木板在端部支撑上延伸（15~30cm）			
工作面完全铺板			
高度超过 8m 时是否有系在建筑物上的安全带			
3. 地板和墙壁	**是**	**否**	**评价**
表面状况——钉子、碎片、破损、光滑			
所有开口都有适当的保护和安全措施			
所有小于 1m 的墙壁开口必须设置路障			
用全宽门或栅栏保护的入口			
带机械锁的保护门			
张贴的方向			
齿轮、滑轮、机器部件防护			
有人看守的操作点			
锯上的锯片防护装置			
提供运动停止安全系统/警戒线			
在周界使用的安全带和系索			
提供足够的梯子通道			
所有开口是否都被适当覆盖和固定			

续表

3. 地板和墙壁	是	否	评价
储存在距离边缘至少 1. 8m 处的材料			
照明充足			
防滑地面			
扶手数量足够且安全			
没有破损或缺失的台阶			
在平台上方至少延伸 1m 并系紧			
没有水平使用的梯子			
为工人提供双夹板梯子出口			
夹板均匀间隔（中心 30cm）			
长度不超过 7. 3m 的双夹板梯子			
4. 工作区域整洁、卫生	**是**	**否**	**评价**
工作区域的总体整洁			
通道和邻近结构的区域畅通无阻			
饮用水充足供应贴有“便携式”标签			
一次性饮水杯			
足够的临时厕所设施			
需要时戴安全帽			
护目镜——削、锯、千斤顶锤击等时			
呼吸保护设备——灰尘、烟雾、气体			
在危险场所进行充分通风			
所有人员穿着合适的服装			
适合工作现场的靴子或鞋子			
未穿过或未磨损的裤子、衬衫等			
衣物塞入裤子防止被旋转设备卷入			
状况检查			
张贴负载图表、运行速度和说明			
摆动半径内的所有区域都进行隔离保护			
所有钩环都有可操作的安全锁扣			
提升绳索、吊索、钩环、索具装备状况			
在距离电力线 3m 的地方操作			
提供定期检查和维护			

续表

4. 工作区域整洁、卫生	是	否	评价
备用警报器/闪光灯运行正常			
正在使用的安全带			
运输道路维护良好			
5. 剪式、悬臂式（载人）升降机	**是**	**否**	**评价**
操作人员接受过培训			
升降机控制处于安全工作状态			
安全控制开关可操作（未连线打开）			
适当时系好安全带			
电动操作时配有防护装置			
配有正开关控制的手持式电动装置			
培训使用电动工具和当前认证			
仅气动/火药枪口接触工作表面			
有缺陷的工具/设备被标记为不可操作			
接地或双重绝缘的工具			
电源线/延长线和接地状况			
额定电流 15/20A 确保接地或接地故障电流漏电保护器			
临时灯具有防护装置			
电气室上锁/高压标记/保护			
工作间隙保持在 1m			
张贴可能发生意外接触的警告标志			
插座和连接插头不可互换			
由非导电材料悬挂的布线			
强制执行落锁/标签标记计划			
6. 消防、火焰、液体	**是**	**否**	**评价**
灭火器——合适的类型，贴有标签，已装填			
每 278m^2 设置可达顶层/底层的楼梯			
立管按施工进度进行维护			
出口有标记、有照明、易接近			
火焰、废物/垃圾被正确分离和处理			
溶剂/可燃物仓库距离建筑物照明地面 6m			
正确储存的安全罐（气体和溶剂）			

续表

6. 消防、火焰、液体	是	否	评价
贴有标签的危险材料容器			
倾斜、有台阶或有支撑			
正确计算的休止角			
为 1.2m 以上深度的挖沟提供足够的出口			
全职合格人员			
受保护的邻近结构、道路/人行道			
存在许可条件——监控并记录			
坠落距离 2 层至 9m 以上提供保护			
围绕金属甲板建筑 1m 高处设钢丝绳			
消除焊接引起的火灾风险			
提供梯子、楼梯和通道			
在需要的地方使用标记线			
灭火器、焊接机放置在需要的地方			
7. 焊接和切割压力仪器	**是**	**否**	**评价**
所有钢瓶固定、直立，不使用时加盖			
氧气/乙炔软管状况良好			
正在使用的屏幕和屏蔽器			
操作员合格			
用于点燃火炬的撞击器			
带推车的灭火器或立即可用的灭火器			
提供足够的通风			
保护工人免受高空熔渣掉落的伤害			
安全钩、空气管线和防鞭打装置			
备有血源性病原体清理工具包			
至少有一人通过急救/心肺复苏术认证			

2.5 表彰和奖励 Recognition and Awards

2.5.1 范围 Scope

通过表彰和奖励为安全作业提供激励。

2.5.2 概述 Introduction

对员工安全作业的表彰奖励由区域办公室/合同经理制定或根据项目来制定。

2.5.3 要求 Requirements

（1）激励奖金政策

管理层对所有安全工时数商定激励奖金数额，奖励的前提是：

1）安全劳动作业；

2）持续的准时出勤率。

监理人员必须坚持按照企业的政策对项目全体员工进行监督和管理，奖金数额分配应一视同仁，对奖金激励的成功至关重要。

为了有资格获得对于安全作业和持续出勤的奖励，员工必须在日历年内达到规定的安全工时数，所有的工作时间将作为计算奖励的依据。

（2）安全的工作行为

安全工作绩效累积持续到发生以下事件之一：

1）有一次工伤，包括去医院治疗；

2）涉及的设备项目材料或第三方当事人财产损坏（金额超过了规定的数额）；

3）“未遂”的事件，由此确定个人没有进行谨慎的判断；

4）被发出安全违规通知；

5）被终止雇佣；

6）没有立即上报任何事故或事件。

（3）出勤率

员工持续和准时上班，将持续到发生以下事件之一：

1）没能出勤其定期工作值班，随后项目经理确认这次缺勤是无理由的；

2）没有在缺勤之前打电话预先请假；

3）在离开工地前没有通知他的监督人员；

4）由于其他原因而被终止雇佣；

5）自愿终止雇佣关系（辞职）；

6）无法接受召回分配。

（4）结算

企业的管理层计算和支付安全工时奖励，该奖励金额应纳税。

（5）特定项目

可能会制定具体项目的激励计划。这些激励计划可能包括业主/客户参与的部分工作内容。参加这些计划的资格完全由管理层自行确定。

2.6 医疗急救 Firstaid Aid

2.6.1 范围 Scope

与急救/医疗服务和记录保存/事故报告相关的程序。

2.6.2 概述 Introduction

项目部将提供基本的急救服务，并在必要时为因公受伤或生病的员工安排紧急交通。项目管理层负责完成与工伤或疾病相关的安全报告。

2.6.3 要求 Requirements

（1）急救/医疗

1）急救用品将提供给所有员工，用于治疗与工作相关的伤害或疾病。

2）需要急救以外的治疗措施的医疗案例将根据所受伤害或疾病的严重程度，转交给场外的医生或医院。

（2）紧急运输

1）预先安排紧急运送到急救设施所在地点或医院的方法。

2）通知医院急诊室。应向医务人员提供关于疾病或伤害的性质和程度的所有可用信息。

（3）非紧急运输

应提供随时可用的交通工具，以便运送伤员或患者。

（4）伤害/疾病报告程序

项目管理层负责确保正确完成和维护与工伤或疾病相关的安全报告。

1）在员工被带去看医生或去医院接受治疗之前，将由项目部一名代表填写医疗记录表并将表格交给员工。应向员工解释此表格的用途和功能。重要的是，每个员工都要完全理解，在允许个人返回工作岗位之前，必须由主治医师完成表格的这一部分（医生证明），并由员工返还给项目部。

2）企业的损失报告将针对员工遭受的所有需要医生治疗的伤害进行填写。

3）企业的损失报告将被用于向保险企业提出工人的理赔要求。企业的损失报告将在受伤或患病后的 24h 内完成。

a. 可能需要额外的表格；

b. 所有医疗文书的原件必须转发给项目部办公室。

4）医生负责保存向员工提供的所有治疗的准确记录，并向项目部提供一份副本。

注：所有医疗记录都是保密的，必须保存在一个安全上锁的文件柜中。

（5）重返工作岗位

1）在工作中受伤或生病的雇员可以重返工作岗位，只要主治医生书面批准。如果正常分配的工作岗位仍有空缺，且员工身体状况已满足任何工作要求或限制，则员工应回到正常分配的工作岗位。

2）被限制工作的员工不允许返回工作岗位，直到以下人员对案件进行审查：

a. 项目管理人员；

b. 主治医师；

c. 安全部门。

2.6.4 所需的表格 Required Forms

（1）病历见表 2-17。

（2）授权发布医疗记录见表 2-18。

（3）适合的职责过程文件见表 2-19。

病历 **表 2-17**

姓名：			性别：		出生日期：	
分类：			员工编号：		作业编号：	
医生的姓名和医院地址：						
	是	否			是	否
是否做过任何类型的手术？	□	□	正在接受医生的治疗吗？		□	□
现在是否有视力障碍？	□	□	过去或现在是否有心脏或循环系统疾病？		□	□
是否戴过颈托、背托或腿托？	□	□	是否卷入过一场导致受伤的交通事故？		□	□
过去或现在有高血压吗？	□	□	头部受伤了吗？		□	□

续表

	是	否		是	否
收到过或目前正在接受残疾或养老金付款吗?	☐	☐	脖子、肩膀、后背、胳膊、腿受伤了吗?	☐	☐
在工作中严重受伤，需要医生治疗吗?	☐	☐	有糖尿病吗?	☐	☐
过去或现在是否有任何手部或腕部问题，如腕管综合征?	☐	☐	是否定期吃药?	☐	☐
有疝气或手术吗?	☐	☐	是否有任何呼吸系统疾病或任何已知的原因，导致不可以使用呼吸器?	☐	☐
对青霉素或破伤风疫苗过敏吗?	☐	☐	是否因为工伤而无法到岗?	☐	☐
受了重伤吗?	☐	☐	如果因事故、疾病或受伤而未出院，请回答是。	☐	☐
有癫痫或抽搐吗?	☐	☐			
请针对上述回答为“是”的所有项目，提供以下信息：（A）发生日期；（B）与工作相关的车辆、家庭和个人信息；（C）治疗医生的姓名；（D）如果与工作相关，雇主的姓名；（E）提供福利或保险的保险企业名称；（F）工作限制。如果这些解释需要附页请在此处补充。					
列出你现在服用的处方药：					
医疗和工人赔偿发放： 我特此授权企业或其代理人，现在或将来，检查并获取所有工人赔偿记录、医院或医疗记录的副本，并就我提出的与工人索赔有关的所有事宜与所有前雇主面谈和通信。 以上陈述是正确的，我理解任何事实上的错误陈述都是我被解雇的理由。 签字： 日期：					

授权发布医疗记录 **表 2-18**

所有医疗保健提供者： 我在此授权所有医疗服务提供者，包括医院、医生、脊椎指压治疗师、护士、正骨师、理疗师和所有其他医疗服务提供者，向企业、其代理人或授权员工披露任何或所有关于我受伤的医疗信息。 授权范围延伸至医疗记录、测试结果、X光片和所有其他文件，并授权你回答企业、其代理人或授权员工在处理我的工人索赔过程中可能向你提出的书面或口头询问。 本授权书的副本应与原件具有同等效力，且本授权书应与原授权书具有同等效力，除非以书面形式撤销，否则本授权书将继续有效。
雇员： 日期：

适合的职责过程文件 **表 2-19**

<table>
<tr><td colspan="2">当员工看起来不适合工作，并且员工的工作表现、行为、操行或出勤模式表明他/她可能受到药物或酒精的影响时，本文件可为主管提供帮助。 例如，员工表现出异常行为或判断力下降。
如果员工涉及造成产生严重财产损失或严重人身伤害的事故，或由于缺乏知觉、警觉性或手脚灵巧性而导致相关事件/事故或未遂事故发生，主管还应要求该员工接受健康评估。</td></tr>
<tr><td>日期:</td><td>时间:</td></tr>
<tr><td colspan="2">我认为________可能不适合工作。</td></tr>
<tr><td colspan="2">我观察到的其行为列举如下（列举，请具体说明）:</td></tr>
<tr><td>□</td><td>另一名主管或其他适当的证人观察了该雇员，并同意我的观察
证人姓名: 日期:</td></tr>
<tr><td>□</td><td>我和证人一起，与该员工对质，并解释了为什么我担心他/她可能不适合工作。 这名员工被问到问题的原因可能是什么（如有要求，员工有权代表工会）</td></tr>
<tr><td>□</td><td>（如果对上述项目的解释不令人满意）我要求该员工接受酒精/药物测试，并指出拒绝是一种不服从行为，将导致纪律处分，甚至包括解雇</td></tr>
<tr><td>□</td><td>我和人力资源部的代表讨论了这个问题</td></tr>
<tr><td>□</td><td>我要求该员工签署一份酒精/药物测试的同意书（复印件附后）。 我告诉该员工，拒绝签字是一种不服从行为，将导致纪律处分或解雇</td></tr>
<tr><td>□</td><td>我带该员工去了以下提取样本的工厂:
设施名称:
（如果员工拒绝在实验室进行测试，重复要求进行测试并重复不符合要求的后果。 给员工 15min 时间重新考虑）</td></tr>
<tr><td>□</td><td>我确保员工安全到家。 我表示他/她会被告知测试结果</td></tr>
<tr><td>□</td><td>我指出了积极纪律的正确步骤（如果合适的话）</td></tr>
<tr><td>□</td><td>我记录了所有重要的事件和对话，这些文件附后</td></tr>
<tr><td colspan="2">监管人:</td></tr>
</table>

2.7 事故调查和报告 Accident Investigation and Reporting

2.7.1 范围 Scope

需要医疗处理的所有伤害或疾病、急救案例和未遂事件的调查和报告程序。

2.7.2 概述 Introduction

调查的目的是确定所有可能的促成原因，以便防止类似性质的事件再次发生。调查是为了确定所有的事实。这些可能与法律责任有关。如果发生严重事故，必须通知职业安全与健康委员会。完整的调查材料必须存档。

注：调查将指向事实发现，而不是错误发现。

2.7.3 要求 Requirements

（1）调查

必要的通知完成后，应尽快开始调查，并完成一份书面损失报告。

1）当员工报告事故或伤害时，以积极的态度迅速作出回应。

2）尽可能与受伤的员工讨论并记录事故。

3）与目击者讨论并记录事故。

4）对于文档记录，请考虑以下一些问题：

a. 受伤的员工在事故发生之前和发生时在做什么？这是他/她的日常职责的一部分吗？

b. 员工是否接受过适当的培训？是否遵循了程序？

c. 还有其他员工涉及这起事故吗？

d. 受伤员工使用的设备或机器是否处于良好的工作状态？它被妥善保护了吗？它适合它的使用目的吗？

e. 工作空间是否有足够的照明？

f. 是否保持了适当的内务环境？

g. 其他员工是如何完成相同类型的工作的？

h. 有没有更安全的方法来完成这项工作？

i. 受伤员工在事故当天报到时健康状况良好吗？

j. 事故后测试完成了吗？

（2）事故事件报告

应报告所有事故和事件，包括所有未遂事件。建立事故事件管理报告系统，以通知：

1）工地管理人员。

2）项目部办公室。

3）客户。

4）实用程序（如果需要）。

5）新闻媒体（遵循危机管理计划，只有指定的发言人才能与新闻媒体交流）。

（3）事故响应

1）治疗受伤的员工。

2）如有必要，通知现场医疗服务人员或呼叫救护车。

3）控制事件区域。

4）防止对该区域人员的进一步伤害。

5）通知管理人员。

6）确定并隔离证人。

（4）证人面谈和陈述

1）应该立即在事故现场确认目击者。采访事故参与者和目击者。

2）单独询问证人，防止证人之间讨论事件。询问其他证人时，要求证人分别准备事实陈述。

3）采访者必须善于接受，客观，并认真听取每个证人的意见。

4）应该首先询问知道更多情况的证人。

5）应提出以下问题：

a. 事件发生的时间和地点；

b. 环境条件，如天气、照明、温度、噪声、干扰等；

c. 人员、设备、材料的位置及其与接触前、接触中和接触后事件的关系，包括被询问证人的位置；

d. 其他证人的姓名和他们的位置；

e. 在接触前、接触中或接触后阶段，是否有任何东西被移动、重新定位、打开或关闭，或从现场被带走；

f. 应急小组和监督人员的反应，以及他们在现场的行动；

g. 是什么吸引了目击者对这一事件的注意。

6）应该从每个被采访的证人那里获得一份正式的书面陈述。应向证人告知其陈述的目的和预期用途，以及谁将会看到陈述。

（5）图表、地图和草图

图表、地图和草图对于了解人员、设备和材料的相对位置是非常有帮助的，其中的内容应包括：

1）受伤者。

2）机器、车辆、设备、材料。

3）从设备或材料上脱落或分离的零件。

4）事故中被打碎、损坏或撞击的物体。

5）设备和材料等表面上的擦伤、划痕、凹痕、油漆污迹、刹车痕迹等。

6）运动的痕迹或类似的痕迹。

7）表面缺陷或不规则。

8）液体积聚的污渍，无论是事故发生前就存在的，还是由于事故而溢出的。

9）溢出或被污染的材料。

10）残骸区域。

11）安全装置和设备。

（6）照片

应拍摄照片以提供：

1）事故现场的方位。

2）伤害或损坏的详细记录，包括大量已损坏的碎片的位置。

3）设备、材料和结构装配不当的证据。

4）标记、溢出和标志的细节。

5）通过检查进行分析的零件拆卸记录。

6）变质、滥用和缺乏适当维护的证据。

7）在调查的早期阶段被忽略的零件的位置。

8）摄影日志应详细记录拍摄对象、镜头尺寸和方向，应该注意一些值得关注的地方。

（7）零件、保存和检查

保存可以作为证据的任何设备、部件或材料极其重要。不要替换任何设备、部件或材料（对事故中涉及的设备、部件或材料可能会导致事故的原因）。

（8）要检查的重要证据

1）断裂、扭曲或破裂的设备、材料或结构的部件。

2）被怀疑导致内部故障的部件。

3）被怀疑装配或配合不当的部件。

4）被怀疑在制造、热处理或粘接过程中材料不足的部件。

5）工艺或设计上有缺陷的零件。

6）安装不当或支撑不足的部件。

7）需要润滑的部件。

8）操作指示器的控制和位置。

9）作为动力源的部件：发动机、马达和泵。

10）替代或修改的部件。

11）大小、位置、形状、颜色不同的异物和部件。

12）液体溢出和有污渍以及有泄漏迹象的部件。

2.7.4 所需的表格 Required Forms

（1）损失报告见表 2-20。

（2）根本原因分析表见表 2-21。

损失报告 **表 2-20**

□人身伤害 □设备损坏 □财产损失 □未遂事件 □急救箱

事件名称：			
姓名： 日期： 时间：		员工编号：	
出生日期： 性别：□男 □女		任务：	
工作时间：	聘用日期：	主管姓名：	
职业：		工作年限：	
小时工资：	每周工作天数：	每天工作时间：	正常开始时间：
项目名称和编号：			
城市： 国家：			
事故确切地点：			
事故描述：			
描述伤害（具体说明）：			
急救描述 管理者： 治疗：			
是否看医生：□是 □否。如果是，给出医生姓名与地址			
是否送医院：□是 □否。如果是，给出医院名称与地址			
事故原因：			
采取的纠正措施：			

续表

建议措施:		
类似事故:		
穿戴的保护装备:		
经办人员（姓名）:		
受伤情况:		
设备损坏情况:		
目击者 1:	地址:	联系方式:
目击者 2:	地址:	联系方式:
主管签字:	报告日期:	
调查人员:	签字日期:	

根本原因分析表 **表 2-21**

事件日期:	事件发生时间:	监督者:
员工姓名:	工作职位:	性别:
见证人:	事件类型: □伤害、疾病 □财产损坏、设备损坏 □未遂事件 □急救	分析参与者:
事件描述:		

续表

事件分析：促成原因		
工具、设备或工作现场的哪些不安全因素导致了事件的发生		
防护/安全装置不足	危险服装	钝、粗糙、尖锐、破碎、滑溜等
警报系统不完善	火灾或爆炸危险	不安全的方法/程序
不安全地移动	危险品布置/存放	管理不善
凸出物危害	天气条件	封闭间隙/拥挤
照明/噪声危害	有缺陷的工具/设备	其他不安全状况（描述如下）
通风不良	不安全的行走/工作面	无不安全状况
按要求给出细节（什么缺陷或其他不安全的因素导致了事件的发生）：		

不安全行为	
不注意危险/不注意周围环境	恶作剧
没有进行必要培训的操作员错误操作	以不安全的速度运行
位置/姿势不正确，使用设备不安全	使用有缺陷设备
使用错误的工具/设备驾驶危险设备	分心
未能发出安全性不足的警告/信号	标准程序偏差
不安全的装载、放置等，无效安全装置	其他行动（如下所述）
防护设备不足/设备不处于零能量状态	未确定任何措施
按要求给出细节：	

什么导致或影响了上述行为/情况	
员工安全检查不充分	预防性维护不足
通过外部承包商的滥用/误用造成的缺陷	管理验收
有缺陷的设计/结构恶化	其他原因（如下所述）
由另一名员工不安全行为造成的	未知原因
按要求给出细节：	

事件分析：根本原因（仅选择一项）			
设备/材料	**人员错误**	**培训不足**	**外部现象**
有缺陷或不合格的部件	工作环境不适宜	没有提供培训	天气或环境条件不适宜
有缺陷或不合格的材料	不注意细节	实践经验不足	停电

续表

设备/材料	人员错误	培训不足	外部现象
有缺陷的材料	程序未履行或履行不当	内容不足	外部火灾或爆炸
有缺陷的焊接、钎焊焊接接头	沟通问题	进修培训不足	盗窃、篡改、破坏公物
污染物	其他人为错误	陈述或材料不充分	破坏他人财产

管理问题	设计问题	程序问题
行政控制不足	不适当的人或机器界面	有缺陷或不适当的程序
工作组织/计划缺陷	设备或材料选择错误	缺乏程序
监管不力	图纸、规格或数据错误	
资源分配不当		
政策没有得到充分的定义、传播或执行		
其他管理问题		

采取的措施（勾选所有适用的选项）		
修订工作安全分析	完成工作	改善通风
使用更安全的材料/供应品	改善照明	改进检查程序所需的防护设备
强制性工作前指导	员工的工作重新分配改善执行情况	改进的设计/施工对涉事员工的警告
改进清洁程序	改善了存储/安排	除上述措施之外的修正措施（如下所述）
修理/更换设备，消除堵塞	相关员工的再培训	
加强相关员工的纪律	安装/修改安全防护装置/设备	
按要求给出细节：		

纠正、预防措施（请确认）		
纠正措施	负责人	预定日期

2.8 危机管理计划概述 Crisis Management Plan Overview

2.8.1 范围 Scope

提供系统的方法以有组织的方式管理危机，而不会对正常活动造成重大干扰。

2.8.2 概述 Introduction

危机管理计划的目的是在面对逆境时保持企业在所有确定的受众中的信誉和积极形象。企业的客户、员工、管理层、资金支持者、同行和其他人，都应该感到企业组织良好，以专业的方式处理了紧急情况。企业需要能够对任何类型的情况作出非常迅速的反应，因为危机不会停下来给企业时间思考问题。该计划分为三个部分：企业、区域和项目部。以下是这些规划的概述。

2.8.3 要求 Requirements

企业的计划是为了在紧急情况下立即使用的。前三部分将在关键的最初几个小时内使用，其余部分将在危机期间提供支持。以下是对每个部分所包括内容的描述。

（1）计划的组织

1）联系人姓名和电话号码；

2）伤害/死亡通知；

3）炸弹威胁程序；

4）媒体指针；

5）社区小组沟通；

6）国际差旅安全记录和安全提示。

（2）团队成员的责任

1）团队领导

a. 所有危机沟通中心；

b. 分配团队成员及其职责；

c. 确定谁将通知受伤者的配偶/家人；

d. 通知失主；

e. 建议并与上级管理层协调决策；

f. 如果需要，填补其他团队成员的空缺。

2）发言人

a. 负责企业与公众的所有沟通（通过媒体）；

b. 制定传播策略并策划媒体回应；

c. 维护媒体信息日志表。

3）技术发言人（待定）。

4）现场最资深人士

a. 掌控现场，委派行动；

b. 协调应急服务；

c. 与小组负责人联系，传达与危机有关的所有信息；

d. 在企业发言人到来之前，担任临时发言人。

5）安全主任

a. 尽快封锁该区域；

b. 通知相关部门；

c. 采访目击者；

d. 用文字和录像（如果合适的话）记录事件；

e. 与医疗机构联络；

f. 向小组负责人和发言人提供信息。

6）项目协调员

a. 维护工作现场收到的所有与紧急情况相关的询问日志；

b. 确保所有电话都由合适的人及时回复。

7）项目经理

a. 了解对于双语能力的需求；

b. 向团队领导和发言人提供项目信息；

c. 紧急情况下对工作现场进行管理。

8）团队管理员

a. 为危机处理小组提供支持，例如，筛选电话、作出差旅安排、文书支持、在受伤或死亡的情况下协助家属；

b. 负责每季度审核和更新危机管理计划。

9）人力资源

a. 向团队领导提供伤者/受害者的信息；

b. 处理所有保险事宜；

c. 支持与所有员工的沟通；

d. 在必要时找到关键事件压力援助。

10）法律顾问

a. 审核危机管理计划，并作出补充、修正、建议；

b. 在紧急情况下被告知所有决定。

11）高管

a. 在紧急情况结束之前，坚持处理紧急情况，并在任何必要时间提供协助；

b. 在发表声明前核准声明；

c. 如果发生死亡事件，亲自通知员工的配偶/家人。

（3）危机第一个小时采取的应对措施

1）现场最资深人士

a. 联系紧急服务；

b. 联系项目安全经理；

c. 确定是否应该关闭工作场所，如果是这样，用警戒线将该区域隔离并保持完好（在调查过程中不要弄乱或移除任何东西）；

d. 告知工作现场接待员如何处理电话；

e. 通知工作人员，让他们直接向当事人询问来自外部群体的信息；

f. 通知团队负责人（联系人部分）；

g. 张贴禁止人员进入公告，直到现场被认为是安全的；

h. 在团队领导的协助下选择一名临时发言人；

i. 通知业主。

2）团队领导

a. 确定发生了什么事，在哪里发生的，涉及谁；

b. 确定谁在调查这起紧急事件；

c. 确定目前现场情况（现场是否关闭）；

d. 确定现场是否需要组长和/或发言人；

e. 建议团队管理员和前台如何转接电话；

f. 识别潜在的"衍生"危机；

g. 通过传真、电子邮件/语音邮件通知所有员工和工作场所，并对媒体或一般信息呼叫的对象提出建议；

h. 通知项目管理层；

i. 通知人力资源部门；

j. 通知保险企业/经纪人。

3）项目安全经理

a. 收集受伤和/或死亡人数/名单；

b. 获取发生事故员工的配偶/家人的电话号码，联系领队决定通知谁；

c. 向目睹事故的员工进行调查，并获得签字声明；

d. 如果认为有必要，开始事故后药物/酒精测试；

e. 指定有关人员在医院陪伴受伤员工，直到家属到达；

f. 用文字和录像记录这一事件。

4）团队领导

a. 如果员工受伤/死亡，请确认由谁通知其配偶/家人，若员工死亡可能需要亲自探访（受伤员工/死亡人员）；

b. 对于项目分包商人员受伤/死亡，项目分包商有责任通知其配偶/家人，如果不能及时通知，就变成项目经理的责任；

c. 如果非员工死亡，联系保险企业，询问谁应该给家属打电话，以及是否应该提供葬礼费用；

d. 通知相关机构；

e. 通知任何可能受事件影响的周边地区；

f. 让员工联系他们的家人，让他们知道自己没事。

5）发言人

a. 撰写并获得所有声明和发布的许可；

b. 指定一个人来屏蔽媒体对项目经理的电话；

c. 启用媒体日志表；

d. 预测媒体问题，如果可能的话，在"直播"之前，和同事扮演媒体采访的角色；

e. 收集必要的背景资料；

f. 如果选择带媒体参观，须确保该地区是安全的，并有企业代表陪同媒体并发放安全防护装备，必要时要求签署"保持无害"协议，在前往现场之前，向记者说明安全管理程序；如果他们违反了任何一个程序，有权要求他们离开；

g. 告知记者未来更新的时间和地点；

h. 跟进其他媒体询问。

6）组长/人力资源部门

a. 制定一份需要联系的受影响者名单，以获取危机更新信息；

b. 收集媒体可能提及的任何过去的负面问题的详细信息（过去的紧急事件部分）；

c. 如有必要，请摄影师；

d. 通过监测服务跟踪关于这一紧急情况的所有媒体报道；

e. 与所有员工建立沟通，提供持续的最新消息；

f. 为目睹事故的员工提供安全的环境并提供关键事件压力咨询（如果认为有必要）；

g. 在紧急情况结束时完成紧急情况后评价（紧急情况后评价科）。

（4）与新闻媒体合作的注意事项

1）运用演讲技巧。少说总比什么都不说好。解释你不能说话的原因比拖延要好。如果你想让别人知道你的故事，你就必须说出来。如果你不这样做，记者们就会从其他地方得到另一个版本，也许是来自已被解雇的心怀不满的员工，或者是来自刚刚目睹自己最好的朋友受伤或死亡的员工。

2）一定要说实话。记者无论如何都会发现事实，所以在提供信息时要诚实和准确。这并不意味着你必须给出每个细节，但要真实。如果你不知道答案，就说出来。说“我不知道”或“我对那件事不太确定”并不是犯罪，只要你接着说“但是我会找出答案，然后马上和你联系”。

3）快速响应。如果你不这样做，你可能会听到一个错误的故事，这很难抹去。

4）一定要强调积极的一面，传达你的企业信息。记住要强调所采取的良好安全措施，因为员工的良好团队合作将会将损失降到最低，以及企业正在进行的将紧急事件处理工作将会把对社区的影响降到最低。

5）一定要远离责任问题。不要谈论谁该对此负责，不要提出任何指控，也不要透露企业名称或个人的姓名。不管你说什么，都可能成为法律问题的一部分，所以尽量泛泛而论。

6）进行控制。如果有坏消息，在记者挖出来告诉全世界之前自己发布。

7）一定要建立视觉类比。俗话说“一图胜千言”，这句话适用于此种情况。

8）一定要精简你的信息。记住每段信息平均陈述 7. 3s，回答不要超过 3 句话。第一句话应该是你的直接回应，接下来的一到两句话会支持/解释。

9）一定要确保你的信息准确无误。它应该具有可靠的来源，你应该彻底了解细节。

10）一定要让记者知道发言人是谁。企业发言人应该是唯一有权向外界传播信息的人。“用一个声音说话”是非常重要的。要记住，没有得到上级管理和法律顾问的批准，任何信息都不能发布。

11）不要说“无可奉告”。这句话意味着有罪。如果你不知道问题的答案，告诉记者你不知道，但会努力找出答案。如果这个问题可能会有一个尴尬的答案，那就尽可能以积极的态度提供尽可能多的信息。如果你犯了错误，就承认它。避免找借口，解释你打算如何把事情做对。

12）不要陷入预测未来的陷阱，永远不要投机。

13）不要说任何“非正式的”事情。如果你不想用，就不要说。

14）面谈时不要戴墨镜。

15）不要讨论损害赔偿或预计成本。

16）不要讨论任何与保险有关的事实，例如金额和承保条款、承运人的名称、和解或赔偿的可能性。

17）回答之前一定要三思。花点时间再回答是完全可以接受的。你可以控制自己的回答，而不是记者。不要让他们催促你。如果你不明白这个问题，请记者重新表述一下。

第3章

国际建筑工程安全技术要求

Safety Technical Requirements for International Coustruction Projects

3.1 呼吸保护 Respiratory Protection

3.1.1 目的 Purpose

规定了购买、发放、控制和使用呼吸器的要求和做法。

3.1.2 范围 Scope

此部分包括以下要素：

（1）一般要求；

（2）程序管理；

（3）体检；

（4）训练；

（5）适合性测试；

（6）暴露评估；

（7）分配的防护设施；

（8）呼吸器的选择；

（9）呼吸器滤芯的使用寿命结束指标；

（10）自愿使用呼吸器；

（11）清洁、维护和储存；

（12）突发事件/直接危害生命/健康；

（13）提供呼吸空气系统；

（14）年度项目审查/评估。

3.1.3 应用 Application

适用于企业及其下属项目部控制下的工作活动和承包商。

3.1.4 要求 Requirements

（1）呼吸保护措施应当仅在工程控制措施无法有效实施的安装过程中被采用。

（2）按以下顺序采取措施以保证预备/合格的员工在危险环境中佩戴呼吸器：

1）体格检查；

2）培训；

3）适应性试验。

3.1.5 程序管理 Program Administration

（1）主管/经理应履行以下职责：

1）确保员工在佩戴呼吸器之前接受初步的医疗评估或检查；

2）对于每一位可能佩戴呼吸器的员工，请确保卫生保健专业人员提供了关于该员工佩戴呼吸器的能力的书面建议。

注：医疗证明适用于所有类型的呼吸器，除非有特定的医疗许可限制。

（2）确保在以下情况下提供额外的医疗评估：

1）员工报告的与使用呼吸器相关的医疗体征或症状；

2）工作场所条件发生变化，可能导致实质性的生理负担。

3.1.6 演练 Training

主管/经理应履行以下职责：

（1）对参加以下初始呼吸器课程培训的员工进行登记：

1）可能佩戴呼吸器的员工；

2）发放呼吸器的员工；

3）监督呼吸器佩戴者的员工。

注：一般来说，只有直接主管要接受与其所监督的员工相同级别的培训，并保持这种培训的有效性；其他主管（总工头和监督人员）必须至少接受基本呼吸保护方面的培训，并应保持这种培训的有效性。

（2）员工需参加年度进修培训（假设员工需要继续发放或佩戴呼吸器或监督佩戴者），若工作场所或呼吸设备有变化，或员工之前的培训记录已失效，也应参加年度进修培训。

（3）确保培训有记录，并现场进行记录。

3.1.7 适应性试验 Fit Testing

主管/经理应履行以下职责：

（1）确保在对呼吸器进行适合测试时，只使用可接受的适合测试方案。

（2）确保在危险环境中使用呼吸器之前，呼吸器佩戴者每年接受将要使用的类型和型号的呼吸器的健康测试。如果员工需要佩戴未经过健康测试的呼吸器，请在使用呼吸器之前，通过健康测试站安排额外的健康测试。

（3）不允许任何有面部毛发的工人进行密合度测试，以免影响呼吸器的正常佩戴。确保呼吸器佩戴者在密合度测试的早上剃须，并保证面部毛发不影响呼吸器密合度测试。

（4）进行所有密合面罩式呼吸器的安装测试，无论该呼吸器是在正压还是负压模式下使用，测试都在负压模式下进行。

当需要进行另一次适应性测试的人员身体发生变化时，呼吸器佩戴者应通知主管，例如：

1）体重变化达 9kg 或超过总体重的 10%；

2）在面部面罩密封区域有明显的面部疤痕；

3）显著的牙齿变化，如多次拔牙或取假牙；

4）重建或整容手术。

3.1.8 暴露评估 Exposure Assessment

项目安全部门对潜在/实际化学污染物执行以下措施：

（1）计划和实施暴露评估，以确定和量化空气中的污染物，从而确定和验证呼吸保护的水平；

（2）在选择呼吸保护装置之前，对空气中的化学或颗粒污染物的浓度进行定性估计，并在适当情况下进行定量测量；

（3）考虑使用定性的危害分析、危害调查、历史数据、客观数据或将定量的来源/区域/人员监测作为选择呼吸保护的基础；

（4）当呼吸器被指定用于受特定物质的职业安全与健康标准监管的污染物（如石棉和铅）时，应根据标准的要求，通过初始和定期的个人/区域监测来验证污染物的水平；

（5）记录危险并指定在工作安全分析、工作许可证、工作包或特定地点的安全和健康计划中进行暴露监测。

3.1.9 指定的保护因素 Assigned Protection Factors

不同的标准和指南在呼吸器的防护因素上存在差异。

在涉及适用物质（如石棉和铅）特定标准的危害的情况下，将使用适用物质特定标准中列出的保护因素。

3.1.10 呼吸器的选择 Selection of Respirators

主管/管理人员确保在工作规划过程中对呼吸保护的必要性进行评估，并在工作安全分析、工作许可证、工作包或安全和健康计划中指定所选的呼吸保护措施。

项目安全系统将执行以下操作：

（1）选择适合于化学物质或其他非放射性危害的呼吸保护措施。

（2）在适当的情况下，根据本计划在规划、初始实施和执行期间进行定性估计或定量测量工作，并在任务期间进行暴露程度评估。

（3）如果暴露评估表明可能高于暴露限值，建议实施工程或行政控制。如果这种控制不可行，或者它们可能不能成功地将暴露量降到低于允许暴露限值，则根据潜在的暴露量选择适当的呼吸保护措施。

（4）确定特定物质（如铅和石棉）的健康标准中是否指定了特定类型的呼吸保护。对于具有规定性呼吸防护要求的物质特定标准，以指定的呼吸防护等级作为最低要求。

（5）在选择呼吸器面罩的类型时，需要考虑使用全罩、戴罩呼吸器或其他个人防护装备保护皮肤和眼睛。还要考虑个人的舒适度、压力、能见度和安全因素。

（6）在控制工作的适当文档中指定所选的呼吸保护功能。

3.1.11 呼吸器滤芯的使用寿命结束指示器 End-of-service-life Indicators for Respirators Cartridges

空气净化呼吸器配备了由职业安全卫生研究机构认证的污染物使用寿命结束指示器，如果工作场所没有适合条件的指示器，则需要根据客观时间表对呼吸器滤芯进行更换，或指定一次性使用的方法；使用一次性滤芯仅为1人的工作时间使用。

3.1.12 呼吸器问题、控制和使用 Respirators Issues，Control and Use

（1）项目经理职责：

1）为活动提供呼吸保护设备；

2）建立安全、可控的配电点，为项目正确地储存、发放和回收呼吸保护设备；

3）指定项目呼吸器发放者以控制呼吸器的保管和完整性；

4）确保呼吸器发放者针对他们在项目上发放/储存的每种呼吸保护设备接受最新的培训；

5）确保呼吸器发放者了解项目所需防护设备的类型和数量；

6）在特殊情况下，需要修改发布和控制措施以适应异常情况，制定发布和控制的补充计划。

（2）主管职责：

1）确保呼吸器发放者能够充分和方便地获得工作安全分析、工作许可证、工作包以及记录呼吸器选择的特定地点的安全和健康计划；

2）确保呼吸器佩戴者目前拥有适合该项目将发放的呼吸器和该型号的医疗许可、培训和健康测试；

3）将在项目中选择的工作控制文件中指定的呼吸器类型通知呼吸器配发机构；

4）定期检查工作区域，以确保按照工作控制文件的规定发放和佩戴适当的呼吸保护设备；

5）取回未按规定退回或佩戴者未适当维护的已发放的呼吸器。

（3）项目安全部门执行以下操作：

1）根据特定活动的需要订购呼吸器滤芯；

2）为发放者提供技术支持；

3）协助项目经理为活动提供呼吸保护设备；

4）定期提交监督检查文件，以确保按照工作控制文件的规定发放和佩戴适当的保护设备。

（4）发行机构执行以下操作：

1）从发放到返回，保持项目对呼吸器的控制；

2）跟踪和记录呼吸器的接收、发放和返回；

3）在分销区域内保持适当的库存水平；

4）在发放呼吸器之前，验证佩戴者是否有当前的适合性测试卡；

5）向授权佩戴者发放项目安全部门选择的工作控制文件中指定的呼吸器；

6）确定佩戴者返还呼吸器的时间周期，如果每日返还不切实际，请确定替代返还时间，并告知佩戴者需要适当清洁和储存呼吸器；

7）定期验证存储的呼吸器的库存和完整性；

8）当呼吸器未按规定退回时，通知监督人员。

（5）呼吸器佩戴者可执行以下操作：

1）通过保持当前（日历年内）的医疗许可、培训和健康测试满足佩戴呼吸器的要求；

2）从发行机构处获取呼吸器；

3）在使用前检查每个呼吸器，以确保其处于适当的工作状态；

4）每次安装或调整空气净化呼吸器时，应进行正负配合检查；

5）保持面部毛发不干扰呼吸器的面部密封；

6）正确使用和保养发放的呼吸器；

7）如果检测到蒸汽或气体的渗入，检测到呼吸阻力发生变化，或面部部件出现泄漏，请立即离开呼吸器使用区域；

8）立即向主管和项目安全部门报告使用呼吸器可能引起的皮肤刺激；

9）及时向发放者和主管报告任何丢失或损坏的呼吸器；

10）将任何损坏、清洁不足或其他不可接受的呼吸器情况通知呼吸器发放者。

3.1.13 清洁、维护和储存 Cleaning, Maintenance and Storage

为呼吸器使用者提供清洁、卫生、工作状态良好的呼吸器。呼吸器的清洁、消毒和维护是按照现行标准制定和记录的程序进行的。

3.1.14 所需的表格 Required Forms

（1）日常扬尘观测记录见表 3-1。

（2）呼吸器配合试验记录见表 3-2。

（3）呼吸设备发放登记日志见表 3-3。

日常扬尘观测记录 **表 3-1**

日常扬尘观测记录	
日期： 时间： 盛行风向： 工作区域的位置：	
轮班时使用的设备：	运水卡车
刮刀	水车
装载机	服务卡车
平地机	材料处理设备
挖掘机	压实机
推土机	皮卡
运输卡车	其他
对观察到的散逸灰尘进行描述：	
纠正措施：	

续表

明天天气预报:		
	检查员签字:	日期:

呼吸器配合试验记录 表 3-2

员工姓名:	员工编号:
日期:	测试类型:□定性 □定量
呼吸器类型:	品牌:
型号:	过滤器类型:
测试介质:	通过或失败:□通过 □失败
员工签字:	测试员签字:

呼吸设备发放登记日志 表 3-3

呼吸器发放者名称	呼吸器使用者姓名	呼吸器使用位置	项目/任务订单编号	发放的呼吸器数量	类型尺寸	呼吸器滤芯类型	借出日期	返回或已处理	返回日期

呼吸器类型	呼吸器滤芯
H—半面负压 F—全面负压 P—动力送风过滤式呼吸器，紧贴面部 A—航空类型，满足逃生压力 S—潜水类型 O—其他	M—吸附剂 P100—颗粒过滤器 GMA—有机蒸汽 GMB—酸气体 GMC—有机蒸汽及酸性气体 GMD—氨和甲胺 GME—全能过滤 GMF—甲醛或酸性气体及有机蒸汽
注：使用者在领取呼吸器前必须出示有效的呼吸器适合性测试卡	

3.2 健康状况 Health

3.2.1 范围 Scope

减少暴露于已辨识出的健康和环境危害的程序。

3.2.2 概述 Introduction

这些准则旨在最大限度地保护所有员工，使其免受已知的健康危害，并制定对所有项目的环境影响最小的程序。

3.2.3 要求 Requirements

（1）血源性病原体——暴露控制计划

人们认识到，在项目中需要进行急救或心肺复苏的员工可能接触到血源性病原体。该计划概述了减少接触血源性病原体所需的必要程序。

1）血源性病原体是指存在于血液和某种体液中能引起人体疾病的病原微生物，例如乙型肝炎病毒和艾滋病病毒等。

2）可采取“普遍预防措施”控制感染。

3）所有员工如有可能通过其皮肤、眼睛、黏膜或肠道接触血液或其他潜在感染物质，应遵守该暴露控制计划（黏膜是鼻子的内衬，肠外接触是通过皮肤上的开口接触，如针头、木棍、咬伤、割伤和擦伤）。

4）在难以或不可能区分体液类型的情况下，所有体液都应被视为潜在的传染性物质。

5）当有职业性接触时，应向员工提供个人防护装备，如手套、护目镜、面罩、单向空气阀、围裙或其他适当的装备。

6）当受到污染时，应尽快更换个人防护装备。

7）所有个人防护装备和受污染的材料应在离开工作区域后立即被移除，并放置在指定的容器中进行处理。

8）用于盛放受污染物品的容器应标明“生物危险”。

（2）血源性病原体——暴露控制计划培训

1）所有被认定为有职业性接触的员工都将参加一个培训计划。

2）员工将在最初被分配到可能发生职业性接触的任务时接受培训，此后至少每年接受一次培训。

3）当修改任务或程序，或新任务或程序可能影响员工接触时，可能会进行额外的培训。

4）对有职业性接触的员工的培训内容至少包括：

a. 血源性病原体标准；

b. 对血源性疾病的流行病学和症状的一般解释；

c. 对血源性疾病传播模式的解释；

d. 对此暴露计划的说明及副本的存放地点；

e. 对员工用来识别可能涉及职业性接触的任务的方法的解释；

f. 对可以预防或减少职业性接触的方法及其局限性的解释；

g. 关于受污染的个人防护装备和材料的选择、限制、位置、去污和适当处置的信息；

h. 关于乙型肝炎疫苗的信息，包括其有效性、安全性、管理方法、疫苗接种的好处，并告知员工该疫苗将免费提供；

i. 关于在接触血液或体液时的适当程序的信息，以及接触后的随访；

j. 对用于处理和处置生物危害废物的警告标签和/或颜色编码系统的说明。

（3）铅暴露

在项目开始之前，应由业主、客户评估员工接触铅的可能性。对于有合理预期或可能接触铅的项目，必须进行暴露评估。对于涉及使用含铅的建筑材料或放置含铅油漆和涂料的潜在干扰的项目，应详细评估其铅的暴露可能性。

1）职业安全与卫生管理局已经为建筑行业确定了每立方米空气 30μg 的行动水平，以及每立方米空气 50μg 的允许暴露限值。上述水平是基于 8h 的时间加权平均值。

2）暴露评估将通过监测或分析客观数据来完成，这些数据可以表明特定的产品、材料或特定的过程、操作、活动涉及铅。

3）如果暴露评估估计的暴露水平高于每立方米 30μg 的行动水平，将实施工程和工作实践控制。

4）应实施工程和工作实践控制，以在此类控制可行的范围内减少员工的铅暴露水平并将其保持在允许的暴露限值以下。

5）对于工程和工作实践控制未能将铅暴露减少到行动水平以下的项目，应建立医疗监测方案。

6）对于工程和工作实践控制未能将铅暴露降低到允许暴露限值以下的项目，将建立一个监管区域，并实施书面合规计划。

（4）铅暴露培训

在工作分配之前将对铅暴露超过行动水平的项目进行培训。培训计划应包括：

1）可能导致铅暴露于行动水平以上的操作的具体性质；

2）呼吸器的目的、适当选择、安装、使用和局限性；

3）医疗监测方案的目的和描述，以及医疗清除保护方案，包括与过度接触铅有关的不良健康影响的信息；

4）与员工的工作分配相关的工程和工作实践控制，包括培训员工进行相关的良好工作实践；

5）任何合规计划的内容；

6）不应经常使用特殊药物来清除体内的铅，除非有执业医师指导；

7）员工访问记录的权利。

3.2.4 所需的表格 Required Forms

（1）铅合规计划见表 3-4。

（2）工业卫生直读仪调查表见表 3-5。

（3）工业卫生保管链和实验室要求见表 3-6。

（4）二氧化硅样品数据表见表 3-7。

（5）工业卫生噪声湿度调查表见表 3-8。

铅合规计划 **表 3-4**

一般信息		
建筑物：	房间/面积：	子区域：
含铅材料：	浓度：	条件：
将要被铅污染的空间：	许可抽样人：	
工作概述：		
铅/气溶胶生成操作：		
预期持续时间：	日期：	

续表

<table>
<tr><td colspan="5">工程控制</td></tr>
<tr><td colspan="5">局部排气：　　一般通风：
润湿：　　高效空气过滤器真空：
包围：　　删除工作表：
关键屏障：　　手套包：

其他工程控制：
其他技术考虑：</td></tr>
<tr><td colspan="5">个人防护装备</td></tr>
<tr><td colspan="5">呼吸器（型号）：
工作服：　　鞋套：
手套：　　安全鞋：
安全眼镜：　　硬帽：
其他：</td></tr>
<tr><td colspan="5">涉及铅的工作程序</td></tr>
<tr><td colspan="5">卫生区域的控制
换衣区：　　淋浴设施：　　洗手设施：</td></tr>
<tr><td colspan="5">工人培训</td></tr>
<tr><td>姓名</td><td>身份证号</td><td>培训工作</td><td>记录</td><td>期满</td></tr>
<tr><td></td><td></td><td></td><td></td><td></td></tr>
<tr><td></td><td></td><td></td><td></td><td></td></tr>
<tr><td></td><td></td><td></td><td></td><td></td></tr>
<tr><td></td><td></td><td></td><td></td><td></td></tr>
<tr><td></td><td></td><td></td><td></td><td></td></tr>
<tr><td></td><td></td><td></td><td></td><td></td></tr>
<tr><td></td><td></td><td></td><td></td><td></td></tr>
<tr><td></td><td></td><td></td><td></td><td></td></tr>
<tr><td colspan="3">监理签字：</td><td colspan="2">日期：</td></tr>
<tr><td colspan="3">安全负责人签字：</td><td colspan="2">日期：</td></tr>
</table>

工业卫生直读仪调查表 **表 3-5**

<table>
<tr><td colspan="3">管理</td></tr>
<tr><td>测量编号：</td><td>测量日期：</td><td>第____页</td></tr>
<tr><td colspan="3">地点：
面积：　　建筑：　　房间：　　其他：</td></tr>
<tr><td colspan="3">经营企业：</td></tr>
<tr><td colspan="2">代理：</td><td>程序：</td></tr>
<tr><td colspan="3">调查标题：</td></tr>
<tr><td colspan="2">工作文件：</td><td>其他：</td></tr>
</table>

续表

请求人（姓名、企业、电话）:		
在职联系人（姓名、电话）:		
授权		
测量员: 姓名（请打印）:	 签字:	页数: 日期:
安全员: 姓名（请打印）:	 签字:	页数: 日期:
审核员: 姓名（请打印）:	 签字:	页数: 日期:

校准

工作内容	1号仪器		2号仪器		3号仪器		探测器管泵	
仪器								
编号								
定期校准								
蓄电池（是/否）								
灯/增益								
校准源编号								
校准效果/有效期								
校准源值								
工作内容	预校准	校准后	预校准	校准后	预校准	校准后	预校准	校准后
日期								
时间								
已找到								
调整为								
泄漏检查（是/否）								
用缩写校准								
校准位置								

校准单位: 签字:	检测管化学品/目录编号/批次:
校准评价:	

气象

时间	气压: mmHg	风速: km/h
温度: ℉/ ℃	湿度: %	风向:

评价: □标准条件

工作地点/仪器读数

操作/任务:
工程控制:
管理控制:

续表

读数	仪器	样本类型	时间	位置	作业活动	代理	结果/单位
备注：（姓名、身份证、职称、阅读编号）							

工业卫生保管链和实验室要求　　　　**表 3-6**

<table>
<tr><td colspan="3">辐射样本区：□是　□否</td><td colspan="4">发布人：</td></tr>
<tr><td colspan="6">承包人：</td><td>第___页</td></tr>
<tr><td colspan="3">组织代码：</td><td colspan="2">任务单编号：</td><td colspan="2">调查编号：</td></tr>
<tr><td colspan="5">联系人姓名：</td><td colspan="2">电话：</td></tr>
<tr><td colspan="3">返回报告给：</td><td colspan="2">移动用户识别号：</td><td>传真：</td><td>电话：</td></tr>
<tr><td colspan="5">抽样人：</td><td colspan="2">取样日期：</td></tr>
<tr><td colspan="5">发货人：</td><td colspan="2">发货日期：</td></tr>
<tr><td colspan="5" rowspan="2">特殊说明：</td><td colspan="2">所需日期：</td></tr>
<tr><td colspan="2">所需分析：</td></tr>
<tr><td>实验室日志</td><td>抽样时间</td><td>取样容器数量或取样组数量</td><td>样本编号/类型/描述</td><td>风量（L）</td><td colspan="2">样品存储位置</td></tr>
<tr><td></td><td></td><td></td><td></td><td></td><td colspan="2"></td></tr>
<tr><td></td><td></td><td></td><td></td><td></td><td colspan="2"></td></tr>
<tr><td></td><td></td><td></td><td></td><td></td><td colspan="2"></td></tr>
<tr><td></td><td></td><td></td><td></td><td></td><td colspan="2"></td></tr>
</table>

续表

<table>
<tr><td>实验室
日志</td><td>抽样
时间</td><td>取样容器
数量或取
样组数量</td><td>样本编号/类
型/描述</td><td>风量
（L）</td><td colspan="3">样品存储位置</td></tr>
<tr><td></td><td></td><td></td><td></td><td></td><td colspan="3"></td></tr>
<tr><td></td><td></td><td></td><td></td><td></td><td colspan="3"></td></tr>
<tr><td></td><td></td><td></td><td></td><td></td><td colspan="3"></td></tr>
<tr><td></td><td></td><td></td><td></td><td></td><td colspan="3"></td></tr>
<tr><td></td><td colspan="2">签字</td><td>打印的名称</td><td colspan="2">企业</td><td>日期</td><td>时间</td></tr>
<tr><td>放弃人：</td><td colspan="2"></td><td></td><td colspan="2"></td><td></td><td></td></tr>
<tr><td>收件人：</td><td colspan="2"></td><td></td><td colspan="2"></td><td></td><td></td></tr>
<tr><td>放弃人：</td><td colspan="2"></td><td></td><td colspan="2"></td><td></td><td></td></tr>
<tr><td>收件人：</td><td colspan="2"></td><td></td><td colspan="2"></td><td></td><td></td></tr>
<tr><td>放弃人：</td><td colspan="2"></td><td></td><td colspan="2"></td><td></td><td></td></tr>
<tr><td colspan="8">接收时的样品条件：</td></tr>
<tr><td colspan="8">其他评价：</td></tr>
<tr><td colspan="8">最终样品处理：</td></tr>
</table>

注：请签字接收样品；返回带有实验室报告的表格副本；除非事先达成协议确定标准，否则将按照实验室分析标准进行分析。

二氧化硅样品数据表 **表 3-7**

<table>
<tr><td colspan="2">样品数据</td></tr>
<tr><td colspan="2">粉尘中相关材料：二氧化硅　　场地或工作：　　日期：
抽样人员姓名：　　工作/任务：　　工作场地：
泵外观检查：□是　□否
泵类型：　　泵序列号：　　流速：　L/min
过滤器：　　开启时间：　　关闭时间：　　最小总时间：</td></tr>
<tr><td colspan="2">空气泵校准</td></tr>
<tr><td colspan="2">泵类型：　　泵序列号：
见所附的振动器读数</td></tr>
<tr><td colspan="2">天气条件</td></tr>
<tr><td>空气温度：　℉/　℃</td><td>多云□　部分多云□　晴朗□</td></tr>
<tr><td colspan="2">风：□平静的　□轻　□中度　□高</td></tr>
<tr><td colspan="2">地面条件：□干燥的　□潮湿的　□湿的　□泥泞的</td></tr>
<tr><td colspan="2">工作条件：</td></tr>
<tr><td colspan="2">附加备注：</td></tr>
</table>

续表

我在_________上佩戴的个人采样装置的采样结果为允许暴露极限的_______%。这些结果工作人员已经向我解释，它们将被用来确定我的个人暴露情况。	
员工签字：	日期：
抽样人：	审核人：

工业卫生噪声湿度调查表　　表 3-8

<table>
<tr><td colspan="9">管理</td></tr>
<tr><td colspan="3">测量编号：</td><td colspan="3">测量日期：</td><td colspan="3">第___页</td></tr>
<tr><td colspan="9">地点：
面积：　建筑：　房间：　其他：</td></tr>
<tr><td colspan="9">经营企业：</td></tr>
<tr><td colspan="6">调查标题：</td><td colspan="3">程序：</td></tr>
<tr><td colspan="6">工作文件：</td><td colspan="3">其他：</td></tr>
<tr><td colspan="9">请求人（姓名、企业、电话）：</td></tr>
<tr><td colspan="9">在职联系人（姓名、电话）：</td></tr>
<tr><td colspan="9">授权</td></tr>
<tr><td colspan="5">测量员：
签字：</td><td colspan="4">页数：
日期：</td></tr>
<tr><td colspan="5">项目：
签字：</td><td colspan="4">页数：
日期：</td></tr>
<tr><td colspan="5">审核员：
签字：</td><td colspan="4">页数：
日期：</td></tr>
<tr><td colspan="9">校准</td></tr>
<tr><td>工作内容</td><td colspan="2">1 号仪器</td><td colspan="2">2 号仪器</td><td colspan="2">3 号仪器</td><td colspan="2">探测器管泵</td></tr>
<tr><td>仪器</td><td colspan="2"></td><td colspan="2"></td><td colspan="2"></td><td colspan="2"></td></tr>
<tr><td>编号</td><td colspan="2"></td><td colspan="2"></td><td colspan="2"></td><td colspan="2"></td></tr>
<tr><td>定期校准</td><td colspan="2"></td><td colspan="2"></td><td colspan="2"></td><td colspan="2"></td></tr>
<tr><td>蓄电池（是/否）</td><td colspan="2"></td><td colspan="2"></td><td colspan="2"></td><td colspan="2"></td></tr>
<tr><td>校准源编号</td><td colspan="2"></td><td colspan="2"></td><td colspan="2"></td><td colspan="2"></td></tr>
<tr><td>校准效果/有效期</td><td colspan="2"></td><td colspan="2"></td><td colspan="2"></td><td colspan="2"></td></tr>
<tr><td>校准源值</td><td colspan="2"></td><td colspan="2"></td><td colspan="2"></td><td colspan="2"></td></tr>
<tr><td>工作内容</td><td>预校准</td><td>校准后</td><td>预校准</td><td>校准后</td><td>预校准</td><td>校准后</td><td>预校准</td><td>校准后</td></tr>
<tr><td>日期</td><td></td><td></td><td></td><td></td><td></td><td></td><td></td><td></td></tr>
<tr><td>时间</td><td></td><td></td><td></td><td></td><td></td><td></td><td></td><td></td></tr>
<tr><td>已找到</td><td></td><td></td><td></td><td></td><td></td><td></td><td></td><td></td></tr>
<tr><td>调整为</td><td></td><td></td><td></td><td></td><td></td><td></td><td></td><td></td></tr>
<tr><td>按首字母排序</td><td></td><td></td><td></td><td></td><td></td><td></td><td></td><td></td></tr>
<tr><td>校准位置</td><td colspan="8"></td></tr>
</table>

<table>
<tr><td colspan="6">校准单位:
签字</td></tr>
<tr><td colspan="6">校准评价:</td></tr>
<tr><td colspan="2">项目</td><td colspan="2">人员和个人防护用品（1号）</td><td colspan="2">人员和个人防护用品（2号）</td></tr>
<tr><td colspan="2">名称</td><td colspan="2"></td><td colspan="2"></td></tr>
<tr><td colspan="2">编号</td><td colspan="2"></td><td colspan="2"></td></tr>
<tr><td colspan="2">职称</td><td colspan="2"></td><td colspan="2"></td></tr>
<tr><td colspan="2">雇佣者</td><td colspan="2"></td><td colspan="2"></td></tr>
<tr><td colspan="2">个人接触频率</td><td colspan="2"></td><td colspan="2"></td></tr>
<tr><td colspan="2">个人接触时间</td><td colspan="2"></td><td colspan="2"></td></tr>
<tr><td colspan="2">听力保护（HP）</td><td colspan="2">□没有使用 □耳罩 □耳塞</td><td colspan="2">□没有使用 □耳罩 □耳塞</td></tr>
<tr><td colspan="2">呼吸器/其他个人防护装备</td><td colspan="2"></td><td colspan="2"></td></tr>
<tr><td colspan="2">评价/代表来源</td><td colspan="2"></td><td colspan="2"></td></tr>
<tr><td colspan="2">轮班</td><td colspan="2"></td><td colspan="2"></td></tr>
<tr><td colspan="6">工作场所湿度/噪声剂量测定数据</td></tr>
<tr><td colspan="2">操作和任务</td><td colspan="2"></td><td colspan="2"></td></tr>
<tr><td colspan="2">工程控制</td><td colspan="2"></td><td colspan="2"></td></tr>
<tr><td colspan="2">管理控制</td><td colspan="2"></td><td colspan="2"></td></tr>
<tr><td colspan="2">位置</td><td colspan="2">□左 □右</td><td colspan="2">□左 □右</td></tr>
<tr><td colspan="2">剂量计编号</td><td colspan="2"></td><td colspan="2"></td></tr>
<tr><td colspan="2">临界值</td><td colspan="2"></td><td colspan="2"></td></tr>
<tr><td rowspan="2">运行
时间</td><td>开</td><td colspan="2"></td><td colspan="2"></td></tr>
<tr><td>关</td><td colspan="2"></td><td colspan="2"></td></tr>
<tr><td colspan="2">总运行时间</td><td colspan="2"></td><td colspan="2"></td></tr>
<tr><td colspan="2">噪声平均值</td><td colspan="2">dB（A）</td><td colspan="2">dB（A）</td></tr>
<tr><td colspan="2">最大传输时间</td><td colspan="2"></td><td colspan="2"></td></tr>
<tr><td colspan="2">峰值</td><td colspan="2"></td><td colspan="2"></td></tr>
<tr><td colspan="2">项目剂量</td><td>%</td><td>dB（A）</td><td>%</td><td>dB（A）</td></tr>
<tr><td colspan="2">活动</td><td colspan="4"></td></tr>
<tr><td colspan="6">暴露量总结</td></tr>
<tr><td colspan="2">8小时剂量</td><td>%</td><td>dB（A）</td><td>%</td><td>dB（A）</td></tr>
<tr><td colspan="2">过度曝光评估</td><td colspan="2">□是 □否 □没有参考资料</td><td colspan="2">□是 □否 □没有参考资料</td></tr>
<tr><td colspan="6">意见/声级计验证</td></tr>
<tr><td colspan="4">仪器名称:</td><td colspan="2">编号:</td></tr>
<tr><td colspan="4">活动/时间/分贝:</td><td colspan="2"></td></tr>
<tr><td colspan="6">评价:</td></tr>
</table>

3.3 过程安全管理 Process Safety Management

3.3.1 范围 Scope

采取安全的工作措施，以尽量减少或防止发生与项目相关的危险环境所造成的灾难性后果。

3.3.2 概述 Introduction

所有员工都必须接受项目所在国（地区）的安全管理标准，在安全管理标准框架下开展工艺、设备设施过程安全要求培训。此外，记录应被保存并可供检查，以确定每个员工的安全培训、能力水平和基本工艺培训情况。

3.3.3 要求 Requirements

确保员工具备相应的技艺资格，并接受了适当的安全方面的培训。在实施过程安全管理计划时，首先要求客户提交标准要求的所有相关信息，以便安全地开展工作。

（1）职责

1）向企业提供与所要开展的工作的任何和所有技术流程有关的所有数据。信息应包括流程图、单元流程图、毒性信息、腐蚀性数据、化学稳定性和涉及的危害。

2）提供过程中使用的所有设备的信息，适时提供过程危险性分析（PHA）、过程系统的所有临时变更以及设施的应急行动计划。如果该信息是保密的，则管理层应在收到该信息前与业主签署相关保密协议。

（2）项目管理

1）概述

a. 接收和研究客户提供的所有信息，以便全面了解工艺系统中使用的高度危险化学品；

b. 获取本项目中使用的化学品和其他材料的安全数据表；

c. 分析所有接收的信息，注意所有现有的潜在危险，提供所有的安全和个人防护装备，并提供培训。

2）技能水平识别

a. 负责测试所有员工，以了解他们与每种工艺相关的培训水平和经验。如果主管了解员工的过往经验，相信他们完全理解程序，则员工可能会以书面形式证明个人的知识和技能可以按照建立的程序安全执行工作，从而代替接受培训；

b. 指派助手给经验丰富的工长/工匠，以提高助手的知识和获得工长/工匠的工艺经验，并确保助手在工作实践遵循安全的原则；

c. 不允许员工在其不知情的机构工作。

3）培训和归档

a. 培训被分配到新工作区域的员工，以确保他们具备安全开展工作的所有知识和技能，培训完成后，应在作业安全分配表上填写培训记录，注明过程系统、工作类型、进行培训的日期/时间，并经培训师签字，本表格的副本应放入个人的人事档案中；

b. 将所有测试结果或书面认证复制到项目中的员工文件中，所有测试结果的原件应送至区域办公室，并放入其人员档案中；

c. 在个人工艺测试中得分低于 85%的员工不应被认为能胜任工匠的工作，但可以助手身份工作；

d. 未能取得及格成绩的申请人可继续担任助手，并可在一段时间（通常为 3 个月）后重新进行测试，或由主管自行决定。

（3）过程管理程序

1）员工培训。项目管理部门应向员工提供安全指导，包括以下主题：

a. 工厂应急信号；

b. 工厂紧急电话号码；

c. 疏散路线和疏散场地；

d. 吸烟规则；

e. 交通规则；

f. 环境问题；

g. 报告危害；

h. 工作许可证；

i. 高度危险的化学品/气体/材料。

2）当工作需要额外的培训时，选定的员工应接受以下培训：

a. 火警训练；

b. 针对梯级系统/自备呼吸装置（SCBA）提供的空气训练；

c. 救援；

d. 合格人员（挖沟和开挖）；

e. 危险废物作业和应急响应；

f. 焊接作业的屏蔽。

3）只有已完成初始安全培训和高度危险化学品/气体/材料培训的员工才能进入工作区域。应向客户提交一份受过培训的员工的名单。

4）项目管理部门应保留一份所有接受过培训的人员的主名单，包括进行培训的日期。对于国家或地区规定需要再培训的特定科目，受训人员的名单应存档。新入职的员工应接受额外培训。

（4）许可证

许可证应记录保护要求，如路障和火警，注明授权日期，识别工艺和单元，以及对于个人防护装备（PPE）的需求（如有）。

（5）机械完整性/质量保证

应确保所使用的所有制造设备、设备和程序都适用于工艺应用，并符合设计规范。所有测试和检查应由质量保证/质量控制（QA/QC）代表或指定项目管理人员记录。

（6）安全审计

项目部管理应符合项目安全计划的所有要求，包括以下记录：

1）所有指定员工的培训记录；

2）呼吸器培训记录；

3）危险辨识程序；

4）空气监测日志；

5）起重机检查表；

6）索具检查表；

7）急救日志；

8）事故报告；

9）每周一次的安全会议报告；

10）月度检查报告；

11）培训主清单。

3.4 危险辨识程序 Hazard Communication Program

3.4.1 范围 Scope

为避免员工误触或将危险化学品与材料的接触控制在最低限度，在此提供了危险辨识程序。

取消了向员工提供排除接触危险化学品和材料或者将接触保持在最低限度的程序。

3.4.2 概述 Introduction

将向员工提供安全使用、处理和储存危险化学品和材料所需的必要信息，其中包括化学品危害的识别以及容器标签的使用、标语牌和其他类型的警告和适当使用的指南。这个程序也可以被称为“你的知情权”。

3.4.3 要求 Requirements

（1）化学品库存

1）保存项目中使用的所有已知化学品的清单。项目管理部门应提供化学品库存清单。

2）被带入项目的危险化学品应包括在同一化学品清单上。

（2）容器标签

1）化学品应储存在原装的或经批准使用的小容器中，并附上适当的标签。所有未附适当标签的容器应交给管理人员附上标签或进行妥善处理。

2）当打算立即使用时，员工可以将少量化学品注入原容器以外的容器。工作完成后留下的所有未使用的化学品必须放回原有的储存容器。

3）该项目上没有任何的无标记容器。

4）应尽可能依赖制造商所附的标签，并确保标签完好，并附上适当的危险警告。

（3）材料安全数据表

1）项目管理部门应向使用危险化学品的员工提供一份材料安全数据表。

2）项目应使用材料安全数据表，以及时获取化学安全信息。化学品安全技术说明书将提供给机械师、电工和焊工等。

（4）员工培训

员工应接受在安全培训期间和之后每年所进行的安全使用危险化学品的培训。员工培训内容应包括：

1）用于检测工作场所中危险化学物质释放量的方法。

2）与正在使用的化学品有关的物理和健康危害。

3）应采取的防护措施。

4）安全工作措施、应急反应和使用个人防护装备。

5）有关危险通信标准的信息，包括：

a. 标签和警告系统；

b. 材料安全数据表的说明。

（5）个人防护装备

所有项目都提供了个人防护装备。未穿戴个人防护装备而使用危险化学品的员工将受到纪律处分。

（6）应急响应

1）发生任何危险化学品/物质的暴露或泄漏事件都必须立即向项目管理部门报告。

2）项目管理部门应负责确保在暴露或泄漏情况下采取适当的应急措施。

（7）非常规任务的危害

1）项目管理部门应将其在执行工作任务期间可能涉及的接触危险化学品的任何特殊任务通知员工。

2）在开始这些工作之前，应审查安全工作程序和个人防护装备的使用。必要时，应张贴公告表示该区域所涉及的危险的性质。

（8）通知其他雇主

1）雇主必须执行危险辨识标准。

2）应与现场同一区域的其他雇主交换有关已知存在的危险化学品的信息。雇主应负责向其员工提供必要的信息。

3）所有现场雇主应可获得企业的危险辨识程序。

（9）记录

信息应按照标准的要求张贴在项目公告板上。

3. 4. 4 所需的表格 Required Forms

危险辨识需求日志见表 3-9。

危险辨识需求日志 **表 3-9**

工作地点或位置			工作地点或位置编号			
需求类型						
1. 书面程序			3. 特殊化学品			
2. 化学品库存			4. 危险辨识标准			
名称	员工编号	工艺和编号	日期	时间	类型	产品名称

续表

名称	员工编号	工艺和编号	日期	时间	类型	产品名称

接受人	职务	日期

第4章

国际建筑工程高风险作业安全管理

High Risk Work Activities Safety Management of International Construction Projects

Health Safety and Environment

4.1 个人防护装备 Personal Protective Equipment

4.1.1 范围 Scope

可以在人和可接触到的潜在危险之间提供有效屏障的个人防护装备。

4.1.2 概述 Introduction

除了穿上适当的衣服外，还必须使用个人防护装备。合适的衣服包括长裤和有袖子的衬衫。不允许穿着拖地、宽松的裤子，宽松的上衣，露脚趾、鞋底或鞋跟损坏的靴子。主管将监测/评估所有个人防护装备的使用情况和有效性，并提出改进建议。

当可能存在发生职业性接触的情况时，应免费向员工提供个人防护装备，如手套、坠落防护用品等。当工程和行政控制无法控制危险暴露时，应始终使用个人防护装备。雇主应确保员工易于获得合适尺寸的个人防护装备。个人防护装备应进行清洁、清洗和妥善处理。雇主应根据需要维修和更换个人防护装备，以保持其有效性。

适当的培训将至少包括：什么时候需要个人防护装备，需要什么个人防护装备；如何正确地穿戴、脱下、调整和佩戴个人防护装备；个人防护装备的局限性；个人防护装备的适当护理、维护、使用寿命和处理。当工作场所发生变化，早期培训过时，个人防护装备的类型发生变化，或当员工表现出缺乏使用技能、使用不当或理解不足时需要对员工进行再培训。认证必须包括员工姓名、培训日期和认证主题。

应进行书面危险评估，以确定对个人防护装备的需求。如果存在或可能存在危险，将为每个受影响的员工选择个人防护装备。

4.1.3 要求 Requirements

（1）基本设备

1）应确保在任何施工活动开始前提供以下个人防护装备：

a. 安全帽；

b. 带侧罩和特殊玻璃的安全眼镜。

2）以下装备将适用于项目的具体要求：

a. 护目镜；

b. 全身安全带与减振安全带；

c. 根据危险等级所规定的呼吸防护设备；

d. 听力保护装备；

e. 如果预计将进行焊接和燃烧操作，则需要切割护目镜、护罩、焊接罩、镜头和焊接手套；

f. 全面罩（用于产生飞屑、颗粒或火花的操作）；

g. 橡胶靴、手套等（用于混凝土浇筑作业）。

3）项目管理部门应确保有足够的所需装备库存。

4）员工必须穿着他们自己的钢头靴子。

（2）个人防护装备

1）个人防护装备必须符合以下要求：

a. 提供最大的防护；

b. 最大的舒适度和最小的重量相结合；

c. 对基本的身体运动、视觉等的最小限制；

d. 耐持久性和项目维护的能力；

e. 按照公认的性能和材料标准进行制造。

2）当需要使用个人防护装备时，必须使用。不使用防护装备将受到纪律处分，并可能被终止合同。

（3）头部保护

1）必须始终佩戴经企业批准的安全帽，在现场办公室不必戴安全帽；

2）安全帽不能有任何改变；

3）必须以某种方式或方法控制头发，不得存在造成火灾或机械纠缠的危险；

4）佩戴安全帽时应常保持帽檐向前，设计帽檐是用来保护面部的。

（4）听力保护

1）应利用工程控制措施，尽可能将噪声降至职业暴露限值以下。

2）应向暴露于超过职业暴露限值噪声的员工免费提供听力保护装备。

3）应告知员工暴露于噪声中的危害以及保护性助听器的用途和限制，在噪声超过职业暴露限值的区域，必须佩戴该设备。

4）当员工持续暴露在噪声大于 85dB（A）的环境中 8h 时，应实施持续有效的听力保护计划。

5）项目部应为所有接触到行动级噪声的员工制定一个培训计划。每年对每个员工重复一次培训。培训应根据个人防护装备和工作流程的变化进行更新。项目部应向受影响的员工提供噪声暴露程序的副本，并应在工作场所张贴一份副本。项目部应允许助理秘书和主任查阅记录。

6）当信息表明员工暴露于 85dB（A）下可能等于或超过 8h 时，项目部应实施监测计划，以识别被纳入听力保护计划的员工。

7）项目部应建立并维护一个听力测试计划，为暴露在 85dB（A)噪声下≥8h 的所有员工提供听力测试。

8）在员工首次接触等于或高于行动水平的噪声后的 6 个月内，项目部应建立有效的基线听力图，以便与未来的听力图进行比较。当使用移动货车时，应在 1 年内建立基线。

9）应至少提前 14h 进行暴露在工作场所的噪声基线听力图测试。听力保护装置可用于满足该要求。还应通知员工避免高分贝的噪声。

10）在获得基线听力图后，应至少每年为每个接触到 85dB（A）以上噪声≥8h 的员工建立新的听力图。每个员工的年度听力图应与该员工的基线听力图进行比较，以确定该听力图是否有效，以及是否发生了标准的阈值转移。如果将年度听力图与基线听力图进行比较表明标准阈值转移，应在确定后 21 天内书面通知员工这一事实。

11）如果发生了阈值转移，应重新评估和/或改装使用听力保护装备，必要时可能需要对其进行医疗评估。

12）项目部应对使用保护器的特定噪声环境进行听力保护评估。

13）项目部应保证所有员工暴露测量的记录准确，并按照规定的要求保存所有记录。

（5）眼睛和面部保护

1）所有员工和访客在办公室外所有区域工作的时间内都应佩戴经认可的带有侧护罩的安全眼镜；

2）在进行焊接、燃烧、研磨、削屑、处理化学品、处理腐蚀性液体或熔融材料、钻孔、钉钉子和浇筑混凝土等操作时，随时需要穿戴额外的眼睛和/或面部防护装备，如护目镜、面罩和焊接防护罩。

（6）保护手、手臂和腿部

1）所有员工都将始终佩戴手套（包括访客）。建筑施工工作应指定手套的型号。

注：在封闭式设备驾驶室中的员工或正在执行办公室/文书工作的员工全程不需要戴手套；员工一离开设备的驾驶室，就必须戴上手套。

2）当工作或特定任务可能使手臂受伤时，对前臂和手腕应采用长袖、皮套或其他适当的保护措施进行保护。

3）在操作电锯或切割时，应佩戴适当的防切割罩和胫脚罩。

4）所有电力工作都应使用介电测试橡胶手套，如果可能与通电电路接触（混凝土破碎、钻孔和挖掘），使用前一定要检查手套。

5）对于确定手套可能会带来风险或干扰员工绩效的任务，可能会因情况而异。针对所有特定任务采取的例外措施必须得到管理层和安全部门的批准。

（7）脚保护

1）员工必须穿坚固的工作靴，带有安全脚趾保护装置（钢脚趾套或同等产品），靴筒高至少为 15cm；

2）当带安全脚趾的工作靴不能提供足够的保护时，应要求员工佩戴经批准的护脚罩；

3）不允许在施工现场穿着网球鞋、跑鞋、帆布鞋、凉鞋等。

4.2 100%坠落防护 100% Fall Protection Policy

4.2.1 范围 Scope

为暴露高度在 1.8m 以上的员工提供坠落防护的程序。

4.2.2 概述 Introduction

为员工提供关于最大限度的防护的指南，防止员工从高度在 1.8m 以上的地方坠落。指南包括计划、预防跌倒和防护跌倒。

4.2.3 要求 Requirements

（1）规划

单个项目规划是必要的，至少应包括：

1）项目材料进度表；

2）预防和防护所需的设备、材料和用品；

3）工作顺序；

4）员工定位；

5）训练；

6）检查。

（2）防坠落系统

所有项目应最大限度地使用防坠落系统，如脚手架、空中电梯、人员升降机、梯子和楼梯。

在距离地面 1. 8m 或 1. 8m 以上的高架区域或邻近有坠落暴露表面的员工，应始终将其安全绳固定在能够支撑 2. 5t 的结构、救生索或配准的防坠落装置上。

1）防坠落设备

a. 这些系统在高架区域提供行走和工作表面。系统没有地板开口，在所有开口侧都配备了标准的护栏系统，并在需要时配备了梯子开口或其他进入点的封闭装置。这些系统应包括：脚手架、空中升降机和其他经批准的人员吊装设备。

b. 标准护栏系统包括一条位于行走/工作表面上方大约 1m 处的顶部导轨、一条位于行走/工作表面上方 0. 5m 处的中间导轨和一个 10cm 的导轨脚趾板，并且整个系统必须能够在任何方向上支撑 1kg 的重量。

c. 地板开口/孔盖用于关闭地板、平台和人行道上的开口和孔。这些盖子必须能够支撑它们可能承受的最大潜在负载。盖子被固定以防止位移，并标识为孔盖。

d. 在每次使用前，应检查是否有损坏和/或缺陷。有缺陷的设备应立即被拆除，并被销毁或修理；

e. 受到冲击载荷的设备应立即停止使用；

f. 不得用于除员工保护外的其他任何用途。

2）人员升降设备

a. 乘坐电梯或乘坐电梯工作的员工必须始终将其安全系绳固定在电梯吊篮上；

b. 起重装置应放置在固体水平的表面上，以减少倾覆的可能性。

3）攀登者和高空蜘蛛人

a. 应为乘坐或使用这些设备工作的员工提供一条独立的生命线以及安全绳。

b. 每条救生索都应固定在一个单独的锚固点上。

4）起重机吊装人员平台

设备的使用应符合本安全手册其他处规定的安全程序。

5）全身安全带和减振系带

a. 减振系带应为双锁式，长度不得超过 1. 8m，必要时应使用双系绳系统；

b. 非指定公司提供的全身安全带和减振系带在使用前应经过项目管理层的检查和批准，每次使用前均由用户进行检查；

c. 所有安全带和系带应在制造之日起 3 年后停止使用。

6）生命线

a. 生命线应能支撑 2.5t 的重量；

b. 生命线不得用于除保护坠落以外的任何目的；

c. 生命线的锚点应能支撑 2.5t 的重量；

d. 水平生命线应至少为直径 1cm 的钢丝绳电缆，且两端应由至少 2 个电缆夹固定；

e. 应放置水平生命线，为人员提供至少齐腰高的连接点；

f. 垂直生命线应为直径 1.6cm 的合成钢丝绳；

g. 垂直生命线应与批准的抓绳一起使用，采用 3 个脚绳，与直径为 1.6cm 的绳索一起使用；

h. 可伸缩的生命线应被批准用于坠落保护；

i. 可伸缩的生命线应通过卸扣和/或钢丝绳吊索或合成吊索进行固定；

j. 可伸缩的救生索应附有绳标签线，必要时将其延伸至较低的高度。

7）临时工作平台和人行道

所有临时工作平台或走道均应配备安全的进出通道，以随时保证人员安全。在人员上升或下降到临时工作平台或人行道时，应使用抓绳或可伸缩的生命线来实现坠落保护。

8）安全网

在某些情况下，可以使用安全网作为防坠落装置。安全网的安装和使用应服从安全部门的指导。

4.2.4 所需的表格 Required Forms

（1）坠落防护工作计划见表 4-1。

（2）防坠落装置检查/维护程序见表 4-2。

坠落防护工作计划 **表 4-1**

注：员工在开始工作前要查看此坠落防护工作计划的要求。 这个计划可在工作活动期间在工作现场获得。 工作地点描述：		
1. 识别所有的坠落危险，距离 1.8m，或更多的工作区域：		
□前缘	□楼梯	□地板孔
□梯子	□屋顶	□钢结构安装
□周边边缘	□脚手架的安装和拆卸	
□其他（描述）：		
2. 应提供的坠落防护方法：		
□防坠落装置	□护栏	□警戒线
□防坠落制动器	□隔挡平台	□安全监视器
描述：		

续表

3. 描述正确的组装步骤。维修检查以及要使用的防坠落系统的拆卸：			
4. 描述正确的处理程序。工具和材料的储存和固定：			
5. 描述为可能进入或通过的工人提供头顶防护的方法。工地下方的区域： □路障 □脚手架和地板开口上的脚板 □安全帽 □警告标志 描述：			
6. 描述提示的方法。安全转移受伤工人： □启动应急响应 □使用下降线或收缩装置 □使用梯子 □使用升降机或人员平台 □使用脚手架 描述：			
7. 描述用于确定连接点的适当性的方法： □制造商数据 □现有工程/设计文件 □工程师评估 □诚信评估			
8. 识别在"一线"工作的员工			
9. 识别安全监视器（如果使用——或不适用）			
10. 合理选择受控进入区域和/或安全监视器（如果使用——或不适用）：			
评审			
坠落防护计划完成：			
负责人：	日期：	项目安全负责人：	日期：

防坠落装置检查/维护程序 表 4-2

安全带检查 序列号：________________ □确定 □需要修复 □更换	
织带	
检验程序： 1. 双手分开 15~20cm 抓住织带； 2. 将织带弯曲成一个倒 U 形； 3. 在织带的整个长度上按照这一程序进行操作； 4. 检查织带的两侧	**需要注意的事项：** □折边 □割裂 □断裂的纤维 □烧坏 □拉线 □化学损伤
D 形环/背垫	
检验程序： 1. D 形环应该可以自由旋转； 2. 检查 D 形环/背垫是否损坏	**需要注意的事项：** □扭曲 □裂缝 □粗糙或锋利的边缘 □断裂
带扣的连接	
检验程序： 特别注意带扣和 D 形环的连接	**需要注意的事项：** □纤维异常磨损 □磨损/切割的纤维 □扭曲的扣子或 D 形环

续表

<table>
<tr><td colspan="2">安全带检查
序列号：________________ □确定 □需要修复 □更换</td></tr>
<tr><td colspan="2">舌片/扣环</td></tr>
<tr><td>检验程序：
特别注意严重磨损区域</td><td>需要注意的事项：
□垫圈松动、变形或断裂
□织带不应该有额外的冲孔</td></tr>
<tr><td colspan="2">舌扣</td></tr>
<tr><td>检验程序：
1. 锁舌应与锁扣框架重叠；
2. 舌片应在其插口内自由地来回移动；
3. 滚轮应在框架上自由转动</td><td>需要注意的事项：
□舌片的形状和运动出现扭曲
□辊子上的变形或尖锐的边缘</td></tr>
<tr><td colspan="2">摩擦和配合扣</td></tr>
<tr><td>检验程序：
请特别注意中心杆的拐角和连接点</td><td>需要注意的事项：
□扣子变形
□外杠和中杠是否是直的</td></tr>
</table>

织带和挂绳破损的视觉判别

<table>
<tr><td>织带类型</td><td>加热</td><td>化学品</td><td>熔融金属或火焰</td><td>涂料和溶剂</td></tr>
<tr><td>尼龙、聚酯纤维</td><td>在过热的情况下，尼龙变脆，有枯萎的棕色；
纤维弯曲时会断裂。不应暴露在42℃以上的温度下</td><td>颜色的变化通常表现为褐色斑点或污迹。在心轴上弯曲时会出现横向裂缝，使之失去弹性</td><td>织带线股融合在一起；坚硬的光泽斑点；给人坚硬易碎的感觉</td><td>渗入和干燥的油漆限制了纤维的运动。油漆中的某些干燥剂和溶剂会造成化学损伤</td></tr>
<tr><td colspan="5">注：由尼龙或聚酯纤维制成的挂绳在视觉上将显示出与尼龙或聚酯纤维带相同的损坏特征。</td></tr>
<tr><td colspan="5">清洁
对所有安全设备的基本护理将延长设备的耐用寿命，并将有助于实现其重要的安全功能。使用后的适当储存、维护和清洁设备中的污垢、腐蚀物或污染物同样重要。储存区域应保持清洁、干燥，不接触烟雾或腐蚀性元素。</td></tr>
<tr><td colspan="3">尼龙和聚酯纤维
用蘸有清水的海绵擦去表面污垢；设备应在通风环境下彻底干燥；将海绵浸入温和的水溶液中，反复揉搓出泡沫，用干净的布擦拭，自由悬挂晾干，但不要使其过热。</td><td colspan="2">干燥
设备应彻底干燥，不要近距离暴露在高温、蒸汽或长时间的阳光下。</td></tr>
<tr><td colspan="3">检查人：</td><td colspan="2">日期：</td></tr>
</table>

4. 3　受限空间进入 Confined Space Entry

4. 3. 1　范围 Scope

受限空间进入要求，包括培训、安全装备、许可和与受限空间进入相关的备用人员。就本节而言，受限空间是指具有有限出口途径、有毒或可燃污染物积聚或缺氧的空间。

4. 3. 2　概述 Introduction

如果工程所在受限空间内存在危险或潜在危险，则需获得许可证。许可证是书面授权，说明工作的地点和类型，证明所有现有的危险已由指定的主管人员进行评估，并采取必要的保护措施以确保每个员工的安全。项目管理部门负责指定合格的主管人员。

4. 3. 3　要求 Requirements

（1）非许可的受限空间

非许可的受限空间是指不包含或不可能包含任何可能造成严重伤害的危险的密闭空间。这些空间和其他空间可被项目管理部门确定为需要许可的空间。在这些情况下，将遵守有关受限空间的许可规则。

（2）许可所需的受限空间

1）进入许可证要求

a. 许可证尽可能在取样前完成，进入受限空间的许可证持有人应知道所有设备的正确操作和校准使用方法；

b. 只限用于一个班次的工作；

c. 根据相同的要求更新每个班次；

d. 更新空气采样记录。

2）合规性

a. 所有进入密闭空间或从事支持密闭空间进入工作的员工都应接受所有必要程序的培训，并确保所有要求都得到满足并严格执行；

b. 负责安全进入的主管，如进入许可证上所述空间，应进行评估、制定计划和执行必要的程序，以保护被分配到该空间中工作的员工；

c. 指定的负责安全进入的主管人员应负责发放所有的氧气和气体检测设备，发现任何气体探测器取样装置出现故障时，应立即疏散所有人员，将故障设备拆除，并通知指定人员。

3）培训内容

a. 受限空间危险识别；

b. 呼吸器训练/呼吸器的使用；

c. 动力通风设备的使用；

d. 所有的救援和支持设备的使用；

e. 紧急救援程序；

f. 锁定/标记、隔离和清除；

g. 空气监测和气体检测设备；

h. 对个人防护服/设备的要求。

4）发布公告

所有密闭空间的入口都必须张贴出来。张贴内容应包括以下信息："危险！限制空间，仅按许可进入。"当需要具体的作业规范或具体的安全装备时，应在警示标志上添加说明。

5）安全装备

要进入密闭空间，应提供以下设施：

a. 氧气和气体探测器，以测试易燃的、缺氧的和有毒的环境；

b. 呼吸、听力和面部保护设备；

c. 如需要在密闭空间内工作，可提供动力通风设备，通风设备应与工作环境兼容并获得批准；

d. 身体保护设备；

e. 其他安全设备，如安全线和全身线束，备用人员还应佩戴带有安全线路的全身安全带；

f. 无线电通信设备。

6）进入受限空间

a. 隔离。在进入前，隔离程序应由主管人员完成和验证。

b. 测试。空气环境的初步测试应在受限空间的外部进行。当测试表明不适合员工进入时，受限空间必须清除垃圾和/或通风。

c. 净化。净化是指调整受限空间内的空气，使其达到可接受的标准允许暴露限值（PEL）、较低暴露限值（LEL）等。净化是通过用流体或蒸气（惰性气体、水、蒸汽）

置换受限空间内的空气，或通过强制空气流通来完成的。

d. 通风。应提供机械通风，使空气保持在允许的水平。通风设备的位置应能防止排出的空气再循环或从受限空间外引入污染物。严格控制火源。如果不能保证空气安全，那么必须佩戴呼吸器，并持续通风，以使污染物浓度尽可能保持在较低水平。

e. 照明。所有的照明设备都应接地。应使用低压、电池供电或接地故障断路器保护的照明系统。

7）备用救援人员

备用救援人员不得被分配履行其他职责，并应接受以下培训：

a. 急救/心肺复苏、自给呼吸装置、级联系统、紧急医疗设备及急救程序、监控设备培训。

b. 应确保无线电或电话通信设备、气体/氧气检测设备、灭火器、急救包/担架、全身安全带、手电筒等处于可使用状态，且生命安全索达到要求的长度。

c. 如果出现紧急情况，备用救援人员将采取措施，通过所提供的通信系统了解紧急情况，试图从受限空间外进行救援，在救援到位之前，不要尝试在受限空间内进行急救。

d. 如果和客户的程序有差异，应采用更严格的规定。

4.3.4 所需的表格 Required Forms

（1）受限空间进入前清单见表 4-3。

（2）受限空间进入许可证见表 4-4。

受限空间进入前清单　　表 4-3

项目和任务：	地点：
列出分包合同企业：	分包合同企业监事：
简报协调员：	日期：
简报主题：	
危害沟通（包括化学物质过度暴露的迹象、症状和方式） 存在的物理危险（包括坠落的可能性） 使用的危害控制 可接受的进入条件 应急程序 救援程序 现场人员和进入人员在常规和紧急行动中的职责 监测的频率和类型	

续表

要使用的通信系统备份 审核在进入期间需要完成的工作 净化程序（如有必要） 个人防护装备处置 在密闭空间外可能发生的潜在紧急情况
与会者签字：

受限空间进入许可证 **表 4-4**

开始日期________ 开始时间________ 结束日期________ 结束时间________
位置/空间识别________________________________
空间内的危险________________________________
进入目的：

是	否	不适用	进入前要求
			上锁/标记（描述）
			通过断开管线、关闭通风口、封闭排水管和封盖或消除隐患来隔离空间（描述）
			吹扫-冲洗和排气（描述）
			机械通气（描述）
			持续监控（描述）
			柱子和绳索脱落区
			三脚架和紧急逃生装置
			带全身安全带的绳索
			禁止吸烟/消除点火源
			防爆/无火花工具漏电保护开关
			防爆照明
			目前接受培训的参赛者/服务员
			灭火器
			化学品安全技术说明书已审核
			危险废物处置规定
			个人防护装备：□呼吸器 □自备呼吸装置 □供气设备
			□面部 □眼睛 □脸部 □其他

续表

			与进入者沟通：□对讲机　□声音　□视觉　□其他
			与救援人员的陪同人员沟通：□对讲机　□声音　□视觉　□其他
			服务员已联系救援队，已通知安排进入
			其他许可证，例如热加工许可证（描述）
			空间是否被正确标记为需要许可证的密闭空间

大气试验				
测试日期/时间				
仪器操作员				
仪器				
模型				
序列号				
校准测试日期				
氧气含量为19.5%~23.5%				
爆炸级<10%				
其他测试				

人员信息和所需的签字		
人员	姓名	是否完成培训
获授权的进入者		

现场人员：

入场主管：　　　　日期：
健康和安全主管：　　　　日期：
安全代表：　　　　日期：
分包商信息：
企业名称：
岗位主管：

工作完成：（填写完成后提交此表格，表格必须保留一年）
与受影响员工沟通，区域恢复正常运营条件。
入场主管签字：　　　　日期：　　　　时间：

4.4 消防 Fire Protection

4.4.1 范围 Scope

施工过程中的防火和防护。

4.4.2 概述 Introduction

项目管理部门负责制定消防计划，在施工和拆除工作的所有阶段都要遵循这个计划以消除火灾隐患，包括对废弃材料的管理。

4.4.3 要求 Requirements

（1）保护计划

1）具有其他进出路线的场地布局；

2）给最近的消防部门拨打的紧急电话号码；

3）进入可见消防设备的通道和位置；

4）消防设备的检查和维护；

5）与上述内容相关的员工培训。

（2）预防计划

1）定期清理所有的废料和其他垃圾，垃圾、废物和可燃/易燃材料必须放置在密闭的金属容器中进行处理；

2）任何材料（废物或可用物）均不得堵塞通道、出口或楼梯；

3）储存、油漆、加油和服务区域张贴禁止吸烟和明火标志；

4）储罐应在内衬护堤中；

5）油漆和类似材料直到使用时应储存在封闭的容器中，并保存在通风良好的区域，避免过热，如果这些材料位于其他建筑物或结构内，该结构应为不燃结构或耐火性不少于1h的可燃结构；

6）不得在粘板覆盖结构上方或超过3m处进行明火或火花生产作业；

7）可能产生火灾危险的不相容材料应通过耐火性至少为1h的屏障进行隔离；

8）照明和加热装置应避免使用可燃材料。

（3）便携式消防设备

1）每 279m^2 设置一个 2A 级灭火器，最大距离为 30m；

2）每层在楼梯附近至少有一个灭火器；

3）可燃液体储存，参见 4. 6 节。

（4）易燃液体和可燃液体

1）定义和一般要求

a. 易燃液体是指可以在 37℃或 37℃以下的温度下点燃的液体，例如汽油、漆稀释剂和丁酮。液化石油气有单独的规定。

b. 易燃液体的储存、处理和使用：体积小于 3. 79L，可以使用原始容器或经批准的金属安全容器；体积大于 3. 79L，仅能使用经批准的金属安全容器。

c. 散装储存应使用经批准的容器和便携式储罐。有关更多细节，参见 4. 6 节。

d. 可燃液体是指那些在温度大于 37℃时可以点燃的液体，例如柴油、煤油、润滑剂和大多数油漆。

e. 可燃液体的储存、处理和使用：可以使用原始储存容器，也可以使用标签符合危险品标准的容器，散装储存在经批准的容器或原始容器中。

2）易燃液体和可燃液体的室内储存

a. 在经批准的储物柜外的房间内储存的易燃或可燃液体不应超过 0. 1m^3；

b. 超过 0. 1m^3 的易燃和可燃液体应储存在经批准的机柜中；

c. 任何一个储物柜中的可燃物不得超过 0. 23m^3 或可燃液体不得超过 0. 46m^3，在一个存储区域内不可以放置超过 3 个这样的柜子；

d. 超过储藏室内允许数量的易燃和可燃液体应存放在室外。

3）建筑物外部储存

a. 储存容器（每个不超过 0. 46m^3）的总容积在任何一堆或区域不得超过 3. 8m^3，成堆的储存容器之间应留有 1. 5m 间隙。成堆的储存容器与建筑物的距离不少于 6m。

b. 在每堆或每组容器的 60m 范围内，至少设置 4m 宽的消防设备通道。

c. 室外便携式储罐：便携式储罐与任何建筑物的距离至少为 6m；两个或两个以上的便携式储罐，总容量超过 8. 3m^3 时，应间隔 1. 5m 的净区域；超过 3. 8m^3 的便携式储罐将有 1. 5m 的透明区域；在每个便携式储罐 60m 范围内，至少设置 4m 宽消防通道。

d. 在所有易燃和可燃液体储罐上均应张贴禁止吸烟和明火或火花产生装置的标志。

4）易燃或可燃液体储存装置的消防措施

a. 在通往存放超过 230L 易燃或可燃液体的房间的门的外面，应放置至少一个额定值不低于 20-B 的便携式灭火器，但灭火器距离该房间的门不超过 3m；

b. 在距离室外易燃液体储存区域不少于 6m、不超过 22m 的地方应放置至少一个额定值不低于 20-B 的便携式灭火器；

c. 在所有用于运输和/或分发易燃或可燃液体的油罐车或其他车辆上，应至少提供一个额定值不低于 20-BC 的便携式灭火器。

5）分配液体

a. 将易燃燃料从一个容器转移到另一个容器时，只能在容器相互连接（粘合）时进行，以防止静电的排放；

b. 应保护分配单元免受碰撞或其他损坏；

c. 易燃液体的分配装置和喷嘴应采用经批准的类型。

6.）在使用点处理液体

a. 不使用时，易燃液体应保存在密闭容器中；

b. 根据环境管理体系，易燃或可燃液体泄漏或溢出时应立即采用安全的方式进行清理。

7）服务和加油区域

a. 易燃或可燃液体应储存在经批准的封闭容器中；

b. 分配软管应为经批准的类型；

c. 分配喷嘴应为经批准的自动关闭型，不带锁开启装置；

d. 在紧急情况下，对所有配药装置都应在远离配药装置的外侧设置清晰的标记和易于接近的开关，以便关闭所有开关；

e. 在用于加油、维修内燃机的燃料系统，接收或分配易燃或可燃液体的区域内，不得有吸烟、明火或火花产生装置；

f. 在易燃物品、可燃物上应当张贴禁止吸烟和明火的标志；

g. 在加油操作期间，必须关闭所有发动机；

h. 在每个服务或加油区域应至少配备一个额定值不低于 20-BC 的灭火器，以使灭火器位于每个泵、分配器、地下填充管开口或润滑服务区 23m 的范围内。

（5）液化石油气

1）分配：

a. 散装储存容器填充设备或机动车辆的燃料容器应摆放在距最近的砖墙建筑物不少于 3m 或距最近的建筑物或其他建筑不少于 7. 5m 的地方，并且距离任何建筑物开口不少于 7. 5m；

b. 将液化石油气从储存容器充入便携式容器或安装在滑板上的容器时，应在离最近的建筑不少于15m处进行。

2）安装在建筑物或构筑物外的容器和调节设备应直立在坚实的基础上并被牢固固定。

3）在建筑物或构筑物内使用的容器和设备：

a. 使用容量大于1kg低压气体容量的容器的系统应配备过流阀；

b. 调节器应直接连接到容器阀门或连接到容器阀门的支管上；

c. 容量大于22kg的容器上的阀门在使用或储存时应被保护免受损坏；

d. 便携式加热器，包括燃烧器，应配备经批准的自动装置，以在发生火焰故障时阻断流向主燃烧器和先导器的气流；

e. 连接使用的容量大于1kg的容器应放置在牢固的水平面上，并应被固定在直立位置；

f. 单个容器的最大容量为111kg。

4）禁止在建筑物内储存液化石油气容器。

（6）临时加热装置

1）间隙和安装

a. 临时加热装置安装时应在可燃材料周围留有间隙；

b. 在可燃防水油布、帆布或类似覆盖物附近使用的加热器应位于距离覆盖物至少3m的地方，覆盖物应固定牢固，以防止着火；

c. 在使用时，加热器应水平设置，除非制造商另有要求；

d. 禁止使用固体燃料加热器；

e. 所有锅炉、炉灶和其他临时加热装置均应按照制造商的规范进行安装和操作；

f. 当在密闭空间使用加热器时，应特别注意进行足够的通风。

2）燃油加热器

a. 易燃液体燃烧加热器应配备主要的安全控制装置，以在发生故障时使燃料停止流动；

b. 不设计为烟道连接的加热器应配备容量不超过7.5L的整体储罐；

c. 专门设计和经批准用于单独补给罐的加热器可以直接连接到重力补给或补给罐连接自动泵；

d. 禁止在建筑物和脚手架上使用燃油燃烧器。

3）液化石油气加热装置

a. 对于临时加热，加热器（整体加热器-容器单元除外）应位于距离任何液化气容器至少 1.8m 的位置。本规定不禁止使用专为附在容器上或附在配套标准上而设计的加热器，只要它们的设计和安装是为了防止加热器直接或辐射加热到容器上。

b. 如果两个或两个以上的整体式或非整体式加热器-容器单元位于同一楼层的无隔断区域，则每个单元的容器应与任何其他单元的容器间隔至少 6m。

c. 在同一楼层的无隔断区域内，当加热器与容器连接使用时，一起连接到加热器的容器的总容量不得超过 333kg。这些管线之间至少间隔 6m。

（7）火灾监督员

1）一般情况

a. 火灾监督员是指被分配在焊接、切割、产生火花或类似可能发生火灾的地方附近观察火情的人；

b. 被分配履行这项职责的人必须是一名能够在危机中保持冷静，并长期在一个地方了解周围的环境的员工；

c. 当暴露在车辆交通中时，火灾监督员应穿上高能见度背心进行识别。

2）训练

本培训应涵盖以下科目：

a. 灭火器；

b. 消防喷管；

c. 覆盖物/开口；

d. 动火作业许可证；

e. 火灾危险识别；

f. 疏散程序。

3）职责

a. 确保消防设备处于正常可使用状态；

b. 如果在执行职责时使用灭火器，灭火器应始终在其附近；

c. 使用软管时，应进行充电并握在手中；

d. 在工作开始前，消防人员应阅读热作业许可证的所有特殊说明；

e. 根据标准操作程序，确保所有下水道、排水沟或可能被点燃和引起火灾的设备都覆盖防火毯和沙袋；

f. 勘察工作区域，并移除或确认已移除任何未用于工作作业的易燃材料，消防监督员有权在出现危险情况时停止工作；

g. 除非其主管或指定人员解除其职务，否则消防人员不得离开工作区域；

h. 在某些情况下，或根据热作业许可证上的说明，在暂停工作操作后，消防人员应在原位保持 30min;

i. 如果发生火灾，消防人员必须立即采取行动，发出口头警报，并试图扑灭或压制火势，直到救援到来，如果尝试灭火失败，消防值班人员应疏散该区域人群。

4.4.4 所需的表格 Required Forms

灭火器和消防设备（月）检查表见表 4-5。

灭火器和消防设备（月）检查表 **表 4-5**

单元编号	灭火器的好坏	消防设备的好坏	检验日期	评价
设备场地和办公室内的灭火器				
位置	条件	检验日期	评价	备注

4.5 危险报警系统 Hazard Warning Systems

4.5.1 范围 Scope

由标志、信号和路障组成的危险报警系统。

4.5.2 概述 Introduction

识别当地或一般危险的一致方法。所有员工、分包商和访客都必须了解危险报警系统。

4.5.3 要求 Requirements

（1）标志/信号

1）当需要时，标志应在工作进行时始终可见，当设置标志的目的不再存在时，应立即拆除。

2）危险标志仅用于存在直接危险的地方，边框上的黑色线以及下方的白色面板用于附加标志措辞。

3）警告标志应仅用于提示潜在危险，并以黄色为主要颜色；黑色上面板和边框、黑色面板上的黄色“警告”字样、下部黄色面板用于附加标志措辞；黑色字体应用于其他措辞。

4）出口标志，如果需要，应用可辨认的红色字书写，高度不小于 15.3cm，在白色区域上，字的主笔画宽度应至少为 1.9cm。

5）安全指示标志应为白色，使用绿色上面板和白色字以传达主要信息。标志上的任何其他文字均应为白色背景上的黑色字。

6）除汽车交通标志外，方向标志应为白色，使用黑色面板和白色方向标志。标志上的任何其他文字均应为白色背景上的黑色字。

7）应在施工区域的危险点张贴清晰的交通标志。

8）所有的交通管制标志或信号都应当为正常的公路标志或信号。

9）事故预防标签应作为一种临时手段，提示员工现有的危险，如有缺陷的工具、设备等。不得用于代替其他标志。

（2）路障

1）在进行工作时，路障应随时可见，当危险不再存在时，应立即拆除。

2）当使用时，屏障胶带的宽度应至少为 5.1cm，用红色和黑色表示“危险”，黄色和黑色表示“警告”。如果使用木制路障，应涂上与路障胶带相同的颜色，或贴上适当的胶带。

3）应使用红色和黑色的路障胶带来指示危险区域。只有获得允许的员工才能进入“危险区域”，其他的人员都要离开。

4）应使用黄色和黑色的隔离带来指示一个谨慎的区域。

5）员工应被允许通过一个标有警示胶带的区域，但必须知道该区域被标记的原因。

6）应使用路障带放置标识，以提示危险。

4.6 材料搬运与存储 Material Handling and Storage

4.6.1 范围 Scope

安全地搬运和储存的材料。

4.6.2 概述 Introduction

项目管理人员需要评估材料的处理情况。这种评估必须考虑材料重量和尺寸、所需的设备和人员、材料运输距离，以及工作和储存表面的稳定性。应指定材料的存放地点。

4.6.3 要求 Requirements

（1）物料搬运——手动

1）用手抬起材料，保持背部挺直，不要使用你的背部肌肉；

2）在处理尖锐、磨蚀性物体或可能出现碎片的情况下，应佩戴手套；

3）如果重量或尺寸过大或物体很笨拙，请寻求帮助或咨询你的主管。

（2）物料搬运——机械

1）只有接受过索具培训的员工才能处理、计算索具负荷；

2）使用前必须了解设备（起重机、叉车、链条、钩索吊架）容量；

3）标语将用于提示悬挂载荷，并使员工远离由机械设备制造的电梯，禁止触碰；

4）在解除捆绑后，不得移动卡车和运输设备。

（3）索具组件

1）冲击载荷

a. 应避免冲击载荷;

b. 安全因素是基于标准的正常操作，不允许施加过大的冲击载荷;

c. 避免冲击载荷是操作人员的责任。

2）钢丝绳和合成网吊索

a. 吊索和吊带的尺寸选择由吊装作业主管负责:

b. 不使用时，吊索必须存放在地面上，最好放在机架上;

c. 钢丝绳吊索应保持润滑，以避免生锈;

d. 合成网吊带应储存在没有阳光直射的地方;

e. 直径为 3.8cm 及 3.8cm 以上的吊索应经过验证，以使安全工作荷载翻倍，该测试应由供应商来完成;

f. 使用适当的软化剂（木材或橡胶），以防止吊带在尖角的地方滑落;

g. 当举起两个或多个超过 3.6m 长的捆绑件时，使用两个适当分开的吊带，不允许吊索与垂直方向的夹角大于 60°;

h. 不要在高温区域或可能危及吊带完整性的化学品周围使用合成网吊带。

3）扳手

a. 使用前检查腐蚀情况;

b. 不要弯曲障碍物，仅在张力下使用。

4）卸扣

a. 仅使用钢捆上印有安全工作载荷的锻造合金刚卸扣;

b. 建议使用一个尺寸大于吊带直径的卸扣;

c. 额定重量为 100t 或 100t 以上的卸扣必须在每次提升前进行磁粒子测试。

5）电缆夹

a. U 形螺栓电缆夹必须在绳子的死端或短端，鞍座在绳子的活端或长端;

b. 电缆夹的数量和间距必须符合电缆夹图表的要求，这些标准可以在索具手册和职业安全与健康标准中找到，所有夹子必须由锻钢制成，新安装的绳索使用 1h 后，必须重新拧紧夹紧螺母，并定期重新检查密封性。

6）吊环螺栓

用于吊装的吊环螺栓只能由锻钢制成。现场开设螺栓孔必须由结构工程师进行设计确认。

7）楔形接头

a. 楔形接头带电端或运行端必须与针孔保持一致;

b. 将楔子拉紧后，至少应在尾部安装一个电缆夹。

8）吊耳

现场制造的吊耳必须由结构工程师设计。

9）吊杆

现场制造的吊杆必须由结构工程师设计。

（4）材料的储存

1）将材料存放在衬垫、垫板或托盘上，便于处理；

2）材料和设备（管道、桶、卷轴、拖车等）必须被卡住，以防止移动；

3）表面积大的轻质材料必须加固。

4.6.4 所需的表格 Required Forms

叉车检查表见表 4-6。

叉车检查表 **表 4-6**

<table>
<tr><td>设备编号:</td><td>制造商:</td><td>型号:</td><td colspan="2">序列号:</td></tr>
<tr><td>检验人:</td><td colspan="3">标题:</td><td>日期:</td></tr>
<tr><td>容量:</td><td>生产年份:</td><td>机器小时数:</td><td colspan="2">机器里程:</td></tr>
<tr><td>检验周期:</td><td>位置:</td><td>工作编号:</td><td colspan="2">日期:</td></tr>
<tr><td rowspan="3">要使用的符号:</td><td>S——满意的条件</td><td colspan="3">机器类型</td></tr>
<tr><td>×——条件不满意</td><td colspan="3">可扩展的粗糙地形</td></tr>
<tr><td>N/A——不适用</td><td colspan="3">其他</td></tr>
<tr><td colspan="2">每日要检查的项目</td><td colspan="3">备注/缺陷</td></tr>
<tr><td colspan="2">安全设备、灭火器</td><td colspan="3"></td></tr>
<tr><td colspan="2">喇叭、镜子、手持设备、台阶</td><td colspan="3"></td></tr>
<tr><td colspan="2">倒车报警器、指示灯、转向信号</td><td colspan="3"></td></tr>
<tr><td colspan="2">驾驶室、玻璃、雨刷、防护罩</td><td colspan="3"></td></tr>
<tr><td colspan="2">座椅状况、安全带</td><td colspan="3"></td></tr>
<tr><td colspan="2">仪表盘操作</td><td colspan="3"></td></tr>
<tr><td colspan="2">散热器软管、风扇罩</td><td colspan="3"></td></tr>
<tr><td colspan="2">冷却液液位条件</td><td colspan="3"></td></tr>
<tr><td colspan="2">发动机皮带、磨损、张力</td><td colspan="3"></td></tr>
<tr><td colspan="2">进气系统、过滤器</td><td colspan="3"></td></tr>
<tr><td colspan="2">排气系统</td><td colspan="3"></td></tr>
<tr><td colspan="2">电池和接线</td><td colspan="3"></td></tr>
<tr><td colspan="2">发动机运行</td><td colspan="3"></td></tr>
<tr><td colspan="2">发动机流体泄漏</td><td colspan="3"></td></tr>
</table>

续表

每日要检查的项目	备注/缺陷
液压泵驱动器、泵	
液压油冷却器	
液压软管、管子	
液压缸	
转向	
制动器	
驱动线路 U 形接头	
发动机和变速箱安装件	
马车和附件、叉子	
车轮和轮胎	
机器主机架、配重器	
数据板、荷载图、警告标志	
前轴、后轴	
润滑	
试验机操作	
注意任何损坏	
其他信息项目	

4.7 工具 Tools

4.7.1 范围 Scope

手动和电动工具的安全使用、保养和维护。

4.7.2 概述 Introduction

所有手动和电动工具以及类似设备，无论是由项目还是员工提供，都应保持在安全状态。所有手持电动工具应配备恒压开关，当压力释放时关闭电源。这并不适用于台式工具。

4.7.3 要求 Requipments

（1）手动工具

1）在钳口被弹起并出现滑动时，不得使用扳手，包括可调式扳手、管子扳手、端头扳手和套筒扳手；

2）冲击工具，如冲头、楔子和凿子，应远离畸变的凸起；

3）工具的木制手柄应保持无碎片或裂缝，并应镶嵌牢固；

4）工具使用时不得超出其使用范围；

5）不能使用手工制作的延伸手柄。

（2）电动工具

1）电动操作工具应采用经批准的双绝缘或接地；

2）不得使用电线作为升降工具；

3）落地式和台式磨床应配备刚性支撑和易于调节的工作架，工作架与砂轮表面的距离不应超过 3mm。

（3）燃料动力工具

1）在加油、维修或维护时，应停止使用燃料动力工具；

2）如果在封闭空间中使用燃料动力工具，则可采用密闭空间标准。

（4）气动工具

1）压缩空气的使用：

a. 除使用自动关闭阀外，在高压软管管道的软管与机器、软管与软管、软管与工具的连接处，应使用安全链、卡箍、抽动止回阀或其他合适的锁定装置；

b. 任何时候压缩空气不得指向任何人，压缩空气不得用于清洁目的，除非压力小于 $5kg/cm^2$；

c. 不得超过制造商对软管、管道、阀门、过滤器和其他配件规定的安全操作压力。

2）不得使用软管作为升降工具。

3）工具的安全夹或固定器应牢固安装并固定在气动冲击（打击）工具上，以防止附件意外散落。

4）气动和手动工具应与电源分离，在对工具进行任何调整或维修之前，应释放软管管线中的压力。

（5）火药驱动工具

1）只有接受过针对正在使用的特定工具的操作培训和认证的员工才能操作火药驱动工具。火药驱动工具制造商代表通常会对员工进行培训。

2）加载前应对工具进行测试，以确保安全装置处于适当的工作状态。测试方法应遵循制造商推荐的程序。

3）任何被发现工作状态不正常或在使用过程中出现缺陷的工具，应立即从使用中移除，在修理完成之前不得使用。

4）工具不得在预定点火时间之前装载。已装载的或空的工具都不能指向任何员工。

（6）喷砂

1）有资质的人员将评估待喷砂材料表面涂层存在何种类型的危害。根据这项评估和必要时的额外测试，将确定来自这些来源的粉尘的成分和毒性。根据这些判断，主管人员将决定使用哪种呼吸设备和喷砂剂以尽量减少所涉及的危害。

2）喷砂操作人员或任何其他工人的呼吸区域内的粉尘/烟雾的浓度应保持在 10mg/m^3 以下。

3）当有其他材料存在时，将不能使用石英砂。

4）喷砂区域应设置 15m 的封闭距离，并贴有“喷砂，禁止进入”的标志。

5）喷嘴应防止静电积聚。

6）软管接头应由金属制成，并固定在软管的外部，以防止接头的侵蚀和弱化。喷嘴配件必须由金属制成，并安装在软管外部。必须提供一个失能控制装置，要么切断气流，要么向锅炉发出信号，让它切断气流。锅炉应在任何时候都能作出回应。

7）爆炸操作员应配备一个空气罩呼吸器，提供稳定的 D 级气流或更优质的空气。如果安装并定期维护滤水器和碳过滤器，则可使用其他压缩空气。应安装一个阀门，以将压力降低到使用中的呼吸器的要求。

8）爆破操作人员应配备重型帆布或皮手套和围裙，或采取同等的防护措施。

9）项目管理部门可确定，在工作区域内的员工数量最低时，应在正常工作时间后进行喷砂作业。

10）过道和走道应远离喷砂材料或类似的磨料。

11）所有参与喷砂作业的员工都应接受符合现行规定的呼吸器培训。被选择使用喷砂设备和材料的人员将接受其使用、维护和相关危害方面的培训。

4.8 焊接与切割 Welding and Cutting

4.8.1 范围 Scope

气体、电弧焊和切割设备的安全使用和处理。

4.8.2 概述 Introduction

工作涉及使用焊接和切割设备的员工应了解危险：火灾损害（财产损失）、爆炸性混合物、窒息剂、烧伤（人身伤害）和有毒烟雾都是潜在的危险。培训内容包括设备的安全处理、存储和使用。

4.8.3 要求 Requirements

（1）焊接和切割——气体

1）存储要求

a. 气缸应远离所有的热源。

b. 在建筑物内，钢瓶应储存在通风良好、保护良好、干燥的地方，距离高度易燃材料至少 6m。钢瓶应存放在远离电梯、楼梯、舷梯和紧急出口的特定位置。指定的储存空间应位于钢瓶不能被通过或坠落的物体撞击或损坏，或不会被未经授权的人员接触的地方。

c. 空气缸的阀门应关闭、盖帽，且空气缸应与全气缸分开存放。

d. 气缸应与阀门末端一起存放并固定。

e. 阀门保护盖应始终到位、收紧，除非连接气缸使用。

f. 压缩气瓶应始终固定在直立位置，除必要时外，在气瓶实际升起或搬运时短时间内灭火器距离燃气储存场所在 7.5m 至 15m 之间。

g. 如果存储区域有装料高度，应设置适当的护栏和安全通道。

h. 起重机将钢瓶升高或降低到另一个高度时，应使用专用的机架。

2）燃气气缸储存要求

a. 警告标志应到位，并应标明“危险！ 禁止吸烟、火柴、明灯或火焰”。

b. 在建筑物内，除实际使用或附加使用的气瓶外，气瓶的总气体容量应限制在 $56m^3$ 以内。禁止在建筑物内储存液化石油气。

3）储氧量要求

a. 氧气瓶的储存应与燃料、气瓶或可燃材料（特别是油或油脂）分开至少 6m，或通过至少 1.5m 高的耐火等级至少为半小时的不燃屏障隔开；

b. 警告标志应到位，并应写有“危险! 禁止吸烟、火柴、明灯或火焰”。

4）燃气和氧气的使用情况

a. 在将调节器连接到气缸之前，必须小心地打开阀门，以吹出所有外来颗粒。然后，调节器（在关闭位置）可以连接到气缸上。站在仪表的一侧，缓慢打开气缸阀。

b. 燃油气缸上的调节阀应只打开 1/4 圈。氧气缸上的调节阀必须一直打开。

c. 阀门扳手必须保持到位。

d. 使用乙炔时，仪表的火炬侧不得超过 217. 5kg/cm^2。

e. 点燃火焰枪时，先打开火焰枪上的燃气阀，然后再打开氧气阀。使用经批准的火花打火机，不要使用火柴或香烟来点燃火焰枪。

f. 所有压缩气瓶在运输或使用时应保存在瓶车或机架中。

g. 所有切割必须在换挡结束时分拆，拆除调节器，并拧紧保护帽。

h. 在储存、运输或使用时，压缩气瓶必须垂直固定在足够的支撑物上。

i. 油和油脂必须远离氧气调节器、软管和配件。

j. 压缩气体不得用于清洁衣物、吹出锚孔或清洁工作区域。

k. 所有软管、仪表和火炬在使用前必须进行检查。

l. 气缸、调节器和软管应放置在不接触火花和炉渣的地方。

m. 防闪回避雷器必须安装在所有调节器上或内置在调节器中。

n. 不得将压缩气瓶带入密闭空间。

o. 不使用时，火焰枪、软管和调节器不得留在密闭空间内。

p. 0. 9kg 灭火器将靠近所有的焊接和切割作业场所。包括在操作后至少 30min 做防火观察。

q. 应为封闭空间内的焊接和切割作业提供通风设备。

r. 在进行任何焊接或切割作业之前，应获得动火作业许可证。

（2）焊接和切割——电弧

1）只能使用专门为电弧焊接和切割而设计的，且达到能够安全处理电极所需的最大额定电流的手动电极支架。

2）所有电焊接地连接应检查机械强度和电气有效性。

3）当电极支架无人看管时，必须拆除电极。

4）使用过的焊条应放置在合适的容器中。

5）不得使用不合格的电缆。

6）当需要将不同长度的电缆相互连接或拼接时，应使用容量至少与电缆相当的绝缘连接器。任何外露的金属部件都应进行绝缘处理。

7）所有电弧焊和切割机的框架都应通过包含电路导体的电缆中的第三根导线或通过在电流源处接地的单独导线接地。

8）含有气体或易燃液体的管道，或含有电路的管道，不得用作接地回路。

9）当操作人员有必要在相当长的一段时间内停止工作或离开工作场所时，或当要移动机器时，应关闭电源。

10）在进行电弧焊和切割前，必须检查工作区域，以确保火花或熔融金属不会落在可燃材料或其他员工身上。

11） 0.9kg 灭火器将靠近所有的焊接和切割作业场所。包括在操作后至少 30min 做防火观察。

12）从事电弧焊和切割的员工应穿戴上经认可的安全帽、适当的防护手套和长袖或焊工袖子。

13）在通风不良的地区，必须进行足够的通风或使用经批准的呼吸设备。

14）在需要时，应在焊接和切割区域周围放置安全防护罩或路障，以保护他人免受电弧的直接照射。

15）除非焊工在盾牌或路障后工作，否则在附近工人得到充分的警示之前，不得打电弧。

4.8.4 所需的表格 Required Forms

（1）气瓶储存检查清单见表 4-7。

（2）动火作业许可见表 4-8。

（3）动火作业许可日志表见表 4-9。

气瓶储存检查清单 **表 4-7**

项目		是	否	对于选中“否”的项目	
				当场纠正	向施工经理报告
1	是否所有气缸上都安装了气缸盖				
2	存放在室外的钢瓶是否不受天气和阳光直射的影响				
3	气缸是否直立并正确固定（气缸顶部 1/3 以内）				
4	如果存储区域含有任何易燃气体，是否张贴了禁止吸烟的标志				
5	易燃气体是否远离氧化性气体（相距 6.1m 或由耐火 1h 防火墙隔开）				
6	满气瓶和空气瓶是否分开存放				
7	空气瓶是否有明显标记（“空”或“MT”）				
8	气瓶标签是否清楚地标识了气瓶的内容物				
9	区域张贴是否列出了可能储存在该区域的气体				
10	气缸是否受到油、油脂和腐蚀性物质的保护				
11	存储区域是否没有碎片				
12	是否在每个气缸上显示最后测试日期				
检查人：________________ 日期：________					

动火作业许可 表 4-8

<table>
<tr><td colspan="6">当进行涉及焊接、切割、研磨、加热、产生火花或明火（包括焊接）的工作时，应颁发该许可证。
注意：在颁发该许可证之前，确保项目/设施无需特定的许可证</td></tr>
<tr><td colspan="4">位置（例如，建筑物、面积等）：</td><td>项目：</td><td>监督人：　　公司名称：</td></tr>
<tr><td colspan="5">工作范围/描述：</td><td>材料成分：</td></tr>
<tr><td>是</td><td>否</td><td>不适用</td><td colspan="2">工作前检查清单</td><td>是否需要个人防护装备 □是 □否</td></tr>
<tr><td></td><td></td><td></td><td colspan="2">是否发布了热门工作版本</td><td>安全眼镜 □是 □否</td></tr>
<tr><td></td><td></td><td></td><td colspan="2">工作是否在预先指定的高温工作区域进行</td><td>面罩 □是 □否</td></tr>
<tr><td></td><td></td><td></td><td colspan="2">自动喷水灭火系统是否在运行（如适用）</td><td>化学护目镜 □是 □否</td></tr>
<tr><td></td><td></td><td></td><td colspan="2">最近的火灾报警箱找到了吗</td><td>皮手套 □是 □否</td></tr>
<tr><td></td><td></td><td></td><td colspan="2">报警系统是否需要旁路</td><td>橡胶手套 □是 □否</td></tr>
<tr><td></td><td></td><td></td><td colspan="2">易燃液体/固体是否已被重新安置</td><td>耳部保护 □是 □否</td></tr>
<tr><td></td><td></td><td></td><td colspan="2">易燃蒸汽是否已被清除</td><td>足部保护 □是 □否</td></tr>
<tr><td></td><td></td><td></td><td colspan="2">有没有进行易燃蒸汽检查</td><td>安全帽 □是 □否</td></tr>
<tr><td></td><td></td><td></td><td colspan="2">可燃物是否已被移除或保护（11m 以内）</td><td>焊机罩 □是 □否</td></tr>
<tr><td></td><td></td><td></td><td colspan="2">是否从要加热的表面上去除了易燃/可燃/有毒残留物</td><td>坠落保护 □是 □否</td></tr>
<tr><td></td><td></td><td></td><td colspan="2">墙壁、地板、管道和水箱开口是否覆盖</td><td>酸性套装 □是 □否</td></tr>
<tr><td></td><td></td><td></td><td colspan="2">软管/割炬/焊接设备状况良好吗</td><td>呼吸防护 □是 □否</td></tr>
<tr><td></td><td></td><td></td><td colspan="2">压缩气体/液化石油气瓶是否正确放置/固定</td><td>皮革 □是 □否</td></tr>
<tr><td></td><td></td><td></td><td colspan="2">焊工是否进行了正确的电气连接/接地</td><td>阻燃工作服 □是 □否</td></tr>
<tr><td></td><td></td><td></td><td colspan="2">高温/高压危害是否得到控制</td><td>其他 □是 □否</td></tr>
<tr><td></td><td></td><td></td><td colspan="2">服务管道/电气系统是否受到保护</td><td>其他 □是 □否</td></tr>
<tr><td></td><td></td><td></td><td colspan="2">是否提供灭火器和检查标签</td><td rowspan="4">必须对非指定的高温作业区域进行检查（每天或每班次）并记录在随附的日志表中</td></tr>
<tr><td></td><td></td><td></td><td colspan="2">是否审查了危险/材料安全数据表</td></tr>
<tr><td></td><td></td><td></td><td colspan="2">通风/排气系统是否足够</td></tr>
<tr><td></td><td></td><td></td><td colspan="2">所需的培训是否是最新的</td></tr>
<tr><td colspan="6">工作期间和工作完成后 30min 是否需要消防值班？ □是 □否
如果不需要，则需要获得相关人员批准</td></tr>
<tr><td colspan="6">防火值班人员姓名：</td></tr>
<tr><td colspan="6">是否需要阻燃/个人防护装备？ □是 □否
如果不需要，则需要获得相关人员批准</td></tr>
<tr><td colspan="6">特殊说明/控制：</td></tr>
<tr><td colspan="6">该许可证有效期至：　　（时间）　　（日期）</td></tr>
<tr><td colspan="6">评价：
指定总监：________　项目安全部门：________
消防工程师（项目安全经理）：________是否需要审查：□是 □否
需要公司批准吗？ □是 □否 如果需要，公司负责人：________</td></tr>
</table>

动火作业许可日志表

表 4-9

每天或每班完成后，必须审查此动火作业许可证，在下方表格记录		
人员姓名	日期	时间

4.9 电气 Electrical

4.9.1 范围 Scope

保护员工免受与触电、电气产生的爆炸、火灾和高温有关的危险的要求。

4.9.2 概述 Introduction

对电气操作中的员工进行保护，包括接地、连接、电池充电室、保证接地程序、焊接、临时照明、检查和维护等方面要求。

4.9.3 要求 Requirements

（1）保护员工

1）雇员不得在当存在接触时可能引起触电的任何部分附近工作。员工应通过断电、接地，或通过有效的绝缘及其他保护手段来防止触电。

2）只要有可能，在任何电路上进行任何工作之前，合格人员将锁定设备并标记停止工作。有必要时应对通电的设备或电线进行测试。

开始工作前，确定要进行工作或测试的电路，使用针对所用电压而列出的测试导线和设备。当电压为 600V 或 600V 以下时，要求员工在测试时使用 1000V 的皮革手套或橡胶手套。鼓励安排一个同伴作为安全人员。额定电压超过 600V 时，员工应使用针对所涉及电压列出的设备，测试时应佩戴至少绝缘 2 万 V 的橡胶手套。禁止使用无皮革保护套的橡胶手套。所有的测试程序都必须得到电气主管或其他负责主管的批准，在工作进行之前，所有有关人员都必须了解这些程序。在进行高压工作时安全人员应全程在场。热工系列工具将由接受过正确使用这些工具培训的员工使用。除佩戴安全眼镜外，还应佩戴经认可的面罩。在测试时不得佩戴戒指、手表或其他首饰。

3）设备周围的工作空间。在电气设备区域应提供和保留足够的空间，以便于安全操作和维护这些设备。

4）电路的锁定和标记：

a. 应保证设备已断电或电路已切断，并在这些设备或电路中可通电的所有点上添加标签和安装锁定装置；

b. 启动阶段，在设备或电路工作过程中将被停用的控制装置应被标记。

5）接地漏电保护器：

a. 员工使用的所有 125V 单相， 15A、 20A 和 30A 插座在施工过程中应具有漏电保护功能；

b. 接地漏电保护器在使用前应进行检查和测试。

6）在施工现场应采取一切预防措施，使未经授权的人员无法接触任何必要的开放线路。

（2）接地和接合

1）便携式电线和插头连接的设备

a. 便携式和/或插电式设备的非载流金属部件应接地。

b. 由经批准的双绝缘系统或同等绝缘系统保护的便携式工具和器具无须接地。如果使用经批准的系统，设备应相应标记。建议所有便携式工具应与接地故障断路器一起使用。

2）固定设备

固定电气设备，包括电机、发电机、电动吊车的机架和轨道、电动机械等，暴露的非载流金属部件应接地。

3）延长线

与便携式电动工具和电器一起使用的延长线应为三线型，并应按照保证接地程序保持良好状态。

4）连接

a. 用于连接和接地的固定和可移动设备的导体应具有足够的规格，以承载预期的电流；

b. 在安装接地线夹时，应确保金属与金属之间的正接触；

c. 标签标记应明确，以标识正在工作的设备或电路。

5）临时接线

所有临时接线都应有效接地。

（3）临时照明

1）临时灯应配备防护装置，以防止意外接触灯泡。当反射器的结构使灯泡深陷时，则不需要防护装置。

2）临时照明应配备重型电线，连接和绝缘时保持安全状态。临时灯不得用电线悬挂，除非电线和灯是为这类悬挂而设计的。接头的绝缘层厚度应等于或大于电缆的绝缘层。电线应远离工作空间、走道或其他容易被损坏的位置。

3）在潮湿和/或其他危险场所（如受限空间内）使用的便携式电灯，应以12V为最大电压运行。

（4）设备的安装和维护

1）柔性电缆和电线

a. 通过工作区域的电缆应被覆盖或抬高2.1m，以免对人员造成危害；

b. 磨损的电缆应禁止使用；

c. 应对延长线加以保护，防止产生由交通、尖角或凸出物、挤压门或其他原因造成的意外损坏；

d. 延长线不得用金属钉、钉子、电线或任何其他导电材料悬挂，绝缘钉或绝缘材料系带可以使用；

e. 通过或进入接线盒、开关设备等的电缆应使用垫圈、接线盒式连接器等防止物理损坏。

2）开关、断路器和断路装置

a. 应清晰标记所有开关、断路器、断路装置、馈线和分支电路，以表明其用途和电压，除非位置和布置可以明确表示使用目的；

b. 应对安装在潮湿位置的盒子和隔离装置采取防水措施，使水不能进入或积聚。

（5）电池室和电池充电

1）一般要求

a. 非密封型电池应放置在通风良好的房间内，以防止烟雾、气体或电解质喷雾泄漏到其他区域；

b. 应提供通风以确保电池中气体的扩散，防止爆炸混合物积聚；

c. 需要适当的个人防护装备，应向处理酸或电池的工人提供面罩、围裙和橡胶手套；

d. 应在工作区域8m范围内提供快速冲洗眼睛和身体的设施（安全淋浴和洗眼器），以便紧急使用。

2）充电

a. 电池充电装置应位于为此目的而划定的区域内；

b. 给电池充电时，通风盖应保持在原位，避免电解液喷出，应注意确保通风帽能正常工作。

（6）保证接地程序

除采用接地故障电流漏电保护器保护外，所有项目均应确立以下保证设备接地导线计划。

1）一般要求

a. 被指派执行此项目的员工将是电气主管、电气工头或他们指定的主管人员；

b. 所有项目都需要执行这个程序；

c. 该计划和季度检查日志必须保存在项目现场，并在检查期间可用。

2）职责

a. 员工（设备管理人员和设备使用人员）都应接受培训，以便每天目视检查每个电气设备的外部损坏或缺陷，培训可以作为每周工地安全会议的一部分，培训必须记录在案；

b. 受过培训的员工应检查插座和插头，确保连接紧密，电线无裸露，绝缘层无断裂，插头的接地连接可操作；

c. 指定的合格人员应在每个季度开始时测试每件便携式电气设备、工具和延长线接地情况、电气连续性和极性。

3）保证接地程序日志

每个项目都应保存一个可靠的接地记录。日志将列出必须检查的所有设备、工具和电线以及检查结果。

4）颜色编码

如果电气设备、工具或电线通过了要求的检查，则应根据保证接地程序和颜色代码将彩色胶带连接到电源线上。颜色代码如下：

a. 蓝色——1号；

b. 绿色——2号；

c. 红色——3号；

d. 黄色——4号。

（7）焊接

只有经项目管理部门批准的合格人员才能进行焊接。合格人员应在进行焊接前审查此程序。对于某些项目，可能需要取得动火作业许可证。除了标准的个人防护装备外，还需要佩戴面罩和皮手套。建议穿带有阻燃剂的服装。

焊接程序如下：

1）用火焰枪干燥接头和模具；

2）用刷子清洁干燥的末端，以清除所有的污垢和氧化物；

3）焊接到钢表面时，使用磨刀或批准的砂轮清除焊接区域的油漆、锈和磨屑，确保显示出明亮的金属；

4）将模具放置在接头上，导线端部在分接孔中心下，间隙距离如模片所述；

5）锁定模具手柄；

6）在坩埚底部插入圆形金属盘（确保覆盖放液口）；

7）倾倒在焊缝材料中的焊药量适当，模具密封正确；

8）在模具和焊材上放置起弧板；

9）戴上防护面罩；

10）在点燃模具中的粉末之前，主管人员应清除该区域的所有非必要人员，以防止相关人员吸入有毒烟雾，确保剩余粉末被清理；

11）用燧石点火器点火（不要使用火柴、香烟或火焰枪）；

12）在燃烧完成后等待 10～15s，然后打开模具，取出完成的焊接成品；

13）用干净的抹布、模具清洁工具或鬃毛刷清除炉渣和灰尘，不要使用钢丝刷；

14）若模具周围发生过度泄漏、模具盘座磨损或脱落，则丢弃模具。

4.9.4 所需的表格 Required Forms

通电工作许可见表 4-10。

通电工作许可 **表 4-10**

<table>
<tr><td colspan="3">注意！！！ 在颁发此许可证之前，请确保项目/设施无需特定的许可证</td></tr>
<tr><td>位置（例如，建筑物、面积等）:</td><td>日期:</td><td>有效期:</td></tr>
<tr><td colspan="3">检查人: □受限制的空间工作 □禁止的空间工作
职位描述（描述要执行的活动，包括涉及的组件或电压）:</td></tr>
<tr><td colspan="3">断电后，在通电的电气设备上工作可能存在风险:
□引入其他危险 □ 因设备设计而不可行
□引入增加危险 □ 因操作限制是不可行的
□其他理由</td></tr>
<tr><td colspan="3">安全工作要求
□指派合格人员执行工作
□接受过心肺复苏（CPR）和急救培训的人员
□提供配备应急响应所需绝缘设备的待命人员
□有足够的工作间隙和出口路线
□通信可用且处于运行状态
□工作区有足够的照明
□工作区控制措施包括：障碍和标志、服务员（除了备用人员）
□移除导电物品（如金属戒指、手表、珠宝、带扣和徽章夹）</td></tr>
</table>

续表

□设备已断电并在可行的情况下隔离 □使用的绝缘防护设备 □管路软管和盖子 □橡胶绝缘消光 □橡胶毯 □提供额定电压绝缘工具 □提供带有干燥、不导电侧轨的便携式梯子 □工作现场的测试设备与现有电压兼容 □其他
个人防护装备
□非导电头部保护装备　　□绝缘橡胶手套/保护器 □安全眼镜　　□橡胶套管 □面罩　　□非导电服装 □其他
综述
监理：＿＿＿＿　日期：＿＿＿＿　项目安全员：＿＿＿＿　日期：＿＿＿＿ 施工经理：＿＿＿＿　日期：＿＿＿＿　是否标准化：□是　□否

4.10 能源控制 Energy Source Control

4.10.1 范围 Scope

与能源控制的锁定/标记、打开和致盲相关的程序。

4.10.2 概述 Introduction

在设备或电路因接触带电部件，意外启动机械，流体泄压，接触酸、腐蚀剂、易燃物或其他危险物质而造成身体伤害之前，进行断电、关闭阀门、开启安装的百叶窗、释放压力、排出危险物质。

4.10.3 要求 Requirements

（1）一般项

1）要断电的设备或电路应不能工作（通过物理方法消除控制能力或放置锁定装置）。在这些设备或电路中可以通电的所有点上都应添加标签。

2）在工作过程中将被停用的控制装置应被标记和锁定。

3）添加标签，以识别正在工作的设备或电路。标签的信息应包括姓名、日期、时间、联系电话和负责安置的承包商。

4）一旦确定所有设备、电路和系统都安全了，就应在相关的电气断路器、阀门和其他需要的地方放置标签和锁，以防止正在工作的设备、电路或系统意外启动或放电。

（2）放置锁定装置

如果需要多个员工或机组人员在系统上工作，则必须在开始工作前在锁定装置上放置一个单独的锁和标签：

1）将锁定装置放置在电气断路装置或阀门上的人是唯一被允许拆除它的人，不允许未经授权拆除任何标签或锁定装置。违反本规则将导致纪律处分，并可能被解雇。

2）如果放置锁和标签的员工不在，项目管理部门应确保在拆除锁和标签之前不存在危险。

（3）工艺系统打开和关闭程序

1）在打开线路或盲式安装之前，确保操作人员和管理人员之间建立充分的沟通。

2）目的和范围：

a. 当要向大气中开放含有危险物质的设备时，应得到客户签发的许可证，包括拆卸阀件、盖、舱口、百叶窗、法兰和拉头插头；

b. 通过阀门排气，断开气动或液压管路，打开压力龙头，以及正常的变化通常是可被豁免的；

c. 虽然客户可能不需要在所有工作中使用盲板，但高温工作和舱体进入应要求有额定性能尽可能接近工作等级的盲板。

3）许可证启用/工作前检查：

a. 负责完成工作的工厂主管或工程师应在设施控制室签发许可证，如果需要，操作主管和/或机组操作员将编制一份标准盲板表，此列表将显示已安装的所有盲板的确切位置，该表应附在许可证上；

b. 负责任的单位操作员应在签发许可证前确定该工作是否可以以安全的方式完成；

c. 操作员应确保正在工作或进入的管道或容器已减压并处于安全状态，如果存在潜在的危险气体，或需要呼吸器，操作员应要求协助和监测；

d. 只有接受过培训的员工才可以根据需要使用呼吸器；

e. 机组运营商保证工厂的运行不会受到不确定工作活动的不利影响，经营者在通知运营主管并获得批准后，签署许可证授权工作继续进行。

4）现场工作沟通：

a. 被指派到工作中的主管必须在工作开始前阅读并理解工艺开启/致盲许可证，主管将向工作人员说明情况，并告知他们所有需要特别注意的措施，或许可证上注明的条件，包括所需的个人防护装备；

b. 当确认要工作的设备已准备就绪，且工作可以安全完成时，机组运营商应签署许可证，许可证的副本将张贴在工作地点；

c. 在安装盲板时，应按照客户/程序的指示进行标记；

d. 每个盲板安装完毕后，由机组操作员签署盲板表，在所有盲板安装完毕，并由机组操作员和主管进行目视检查后，盲板表中的信息将被转移到控制室的主列表上，拆除盲板后，单元操作员将在主列表上签上姓名；

e. 主列表应保留，直到系统恢复运行。

5）布线要求：

a. 盲板应该符合客户的设计规范和/或采用压力/温度设计额定法兰；

b. 盲板应附加一个 T 形手柄，长度至少超过管法兰 5cm，且应作为百叶窗或垫片的视觉辅助工具；

c. 所有的盲板都应在手柄上加印适当的压力等级；

d. 所有不适合全压应用的盲板只有在没有压差的情况下才能用作蒸汽屏障；

e. 所有安装的盲板和垫片都应安装符合客户提供的压力和温度设计规范的新垫片；

f. 所有法兰组件的螺栓都应按正确的扭矩顺序拧紧；

g. 必须在安全前提下才能安装或拆除盲板；

h. 未经作业主管许可，已使用碳氢化合物或含有潜在危险物质的线路不得开放。

6）许可证有效期：

a. 许可证将一直有效，直到工作完成，或由客户决定有效期；

b. 如果工作超出了班次，未来的主管应核实系统或过程仍处在断电和/或减压状态，并可以安全工作，在将系统或流程锁定后，应签署许可证。

4.10.4 所需的表格 Required Forms

（1）标记授权表见表 4-11。

（2）标记索引见表 4-12。

标记授权表　　　　表 4-11

表序号:
项目（标题、编号等）：__________　　设施/地点（面积、建筑物等）：__________
标记的目的（总结要执行的工作和标记的原因）：

关于安装/删除标签的特殊说明（如果适用）：

涉及的人员危险（A. 强制性的危险标识；B. 识别或描述所有危险；C. 在评价部分列出适用的详细信息，即压力、电压等）：

□电气　　□化学品　　□其他/评价：__________
□气动的　　□热　　__________
□移动/旋转设备　　□存储或剩余　　__________
□机械　　□液压系统　　__________
□辐射　　□压缩气体　　__________

输入警告标签的说明（因为它们将出现在标签上）：

姓名及日期	姓名及日期	姓名及日期	姓名及日期	姓名及日期

表格使用说明:
不要使用箭头或同上标记
应使用可接受的签字和/或首字母；
删除最后一个标签后，保留完整的表格 6 个月，然后丢弃；
为方便起见，将标签在此表格中分组，并单独安装和移除，除非特殊说明部分中另有说明；
必须进行技术审查，以确保确定所有危险，隔离点或边界，对设施、系统和/或过程的影响，并使用适当的标签。

表序号：__________　　在下表中填写并签字

挂牌					授权		安装			拆除		
序号	类型	组件标记/定位	位置条件	是否锁定	技术审查依据/日期	安装批准日期	安装日期	验证日期	保险箱检查依据/日期/时间	移除批准截止日期	恢复状态	删除日期
	□警告 □危险			□是 □否								
	□警告 □危险			□是 □否								

续表

挂牌					授权		安装			拆除		
序号	类型	组件标记/定位	位置条件	是否锁定	技术审查依据/日期	安装批准日期	安装日期	验证日期	保险箱检查依据/日期/时间	移除批准截止日期	恢复状态	删除日期
	□警告 □危险			□是 □否								
	□警告 □危险			□是 □否								
	□警告 □危险			□是 □否								
	□警告 □危险			□是 □否								
	□警告 □危险			□是 □否								
	□警告 □危险			□是 □否								
	□警告 □危险			□是 □否								
	□警告 □危险			□是 □否								
	□警告 □危险			□是 □否								
	□警告 □危险			□是 □否								

注意！！！ 在填写表格时，请提供以下信息：（如果空间有限，请附上其他页面）

姓名（打印） ________ 签字 ____ 姓名（打印） ________ 签字 ____

________ ____ ________ ____

标记索引 **表 4-12**

表序号	项目、设施、位置、系统/设备说明（如适用）	启动日期	截止日期

4.11 脚手架 Scaffolding

4.11.1 范围 Scope

通过使用脚手架，提供安全的立面通道。

4.11.2 概述 Introduction

脚手架的基本信息，包括系统脚手架和两点悬挂式脚手架。

4.11.3 要求 Requirements

（1）一般项

1）脚手架和部件应能够支撑至少 4 倍的预期荷载。

2）护栏和脚踏板应安装在离地面 1.8m 以上的平台的所有开放侧面和末端。

3）当人员需要从下面通过时，在脚板和中轨之间需要有屏风。

4）损坏的脚手架部件应立即修复或更换。

5）应提供通道梯或其他经批准的安全通道。

6）应对暴露于架空危险中的员工提供架空保护。

7）专业工程师需要设计超过 38m 高的脚手架。

8）训练。

a. 将为涉及脚手架安装、拆卸、移动、操作、维修、维护和检查的员工提供培训。培训将由 1 名合格的人员进行，他将识别出与工作相关的危险。培训应包括以下主题：

a）脚手架危害的性质；

b）设计标准；

c）最大预期承载能力；

d）该支架的预期使用；

e）任何其他相关要求。

注：合格人员是指能够识别环境或工作条件中存在的和可预测的危害，这些危害或工作条件对员工来说是不卫生的或危险的，且合格人员有权采取迅速的纠正措施来消除这些危害。

b. 将为被指定使用工作脚手架的员工提供培训。培训将由 1 名该领域的合格人员进行，该人员能够识别危害，并了解控制或尽量减少危害的程序。培训内容包括：

a）电气、坠落和坠落物的危险；

b）安装、维护、拆卸坠落保护系统和坠落物保护系统；

c）正确地使用和处理材料；

d）最大预期负荷和负荷承载能力；

e）任何其他相关要求。

注：合格人员是指拥有公认的学位、证书或专业地位，或通过广泛的知识、培训和经验，成功证明其具备解决与主题、工作或项目相关的问题的能力。

c. 将提供再培训。

a）当员工证明自己缺乏技能或理解能力时；

b）重新获得必要的熟练程度；

c）当项目变更造成员工未接受过关于危害的培训时；

d）脚手架、坠落保护、坠落物保护或其他设备类型的变化造成员工未接受过关于危险的培训；

e）当员工的行为表明需要进行再培训时。

（2）系统脚手架

1）概述

a. 安装前应检查所有部件；

b. 不要混合来自不同制造商的零部件。

2）腿部和基础

a. 腿应设置在可调节底座、普通底座或其他足以支撑最大额定负载的基础上。双腿不得直接设置在松散的地面或材料上。

b. 脚手架的基础必须平整、坚固、坚硬，能够支撑必要的重量。不稳定的物体，如砖或砌块，将不被用作支撑。

c. 可调底座不得延伸到会导致不稳定的长度。

d. 不得在倾斜表面上使用滚动脚手架。

e. 腿应垂直和进行刚性支撑，以防止摇晃。

3）支撑和固定

a. 垂直斜撑应具有适当的长度；

b. 应使用水平斜撑来排列脚手架，并提供连接点的刚性；

c. 脚手架应固定在建筑物或结构上，间隔的水平距离不超过 9m，垂直高度不超过 8m。

4）平台和人行道

a. 平台应设在立柱和护栏之间，木板之间或立柱之间间隔不超过 2.5cm，平台边缘和立柱之间间隔不超过 24cm。

b. 每个平台和走道应至少有 45cm 宽，当不满足宽度要求时，平台应尽可能宽，并提供坠落保护。

c. 除非提供坠落保护，否则平台的前缘距离工程表面不得超过 36cm。

d. 平台的每一端必须在支架（支撑件）上延伸至少 15cm，并确保不能移动。

e. 3m 或 3m 以下的木板的最大悬挑长度为 0.3m，而 3m 以上的木板，最大悬挑长度为 0.45m，除非木板已固定，以便在不倾斜的情况下支撑工人，或者设置护栏防止工人踩到悬挑部分。

5）护栏系统

a. 在员工使用平台前，应在平台的所有开放侧和末端设置护栏系统；

b. 顶轨必须位于平台上方 96～115cm，轨道应居中设置。

（3）摆动脚手架——两点悬挂

1）脚手架平台的宽度不少于 50cm，整体宽度不超过 91cm，并牢固地固定在吊架上。

2）吊架应能够承受 4 倍的最大负载。

3）用于悬挂脚手架的钢丝、合金或纤维绳应能够至少支撑 6 倍的额定载荷。

4）在摆动的脚手架上工作的每个员工都应使用全身安全带进行保护，并与独立的救生索相连。救生索应固定在独立于脚手架的结构的实质性构件上。

4.11.4 脚手架检查清单 Scaffold Checklist

（1）用户脚手架检查表见表 4-13。

（2）脚手架安装检查表见表 4-14。

（3）脚手架检查表见表 4-15。

用户脚手架检查表 表 4-13

仅按照其预期用途使用脚手架。 仅在带有标记的脚手架上工作。 遵守访问标签上注明的特殊规定或执行附加控制措施。 不要修改或删除脚手架系统、组件或状态标签。 如果脚手架损坏、强度减弱或存在其他缺陷，立即通知监督人员。 确保脚手架已进行检查: ■使用时; ■在每个工作班次上; ■在使用前。 不要使用不稳定的物体或临时装置来增加脚手架的工作高度。 只有在有能力的人确定结构的稳定性没有问题和有足够的坠落保护后，才能使用便携式梯子来增加工作高度。 不要跨坐、站在脚手架上，或在护栏外工作。 仅在固定的水平表面上使用可移动的脚手架。 在使用移动脚手架之前，请锁定脚轮或车轮。 在移动时，不要“骑”在脚手架上。 在移动或重新移动脚手架之前，先移动或固定任何工具或材料。 使用指定的通道装置（楼梯、附属梯子或特别设计的端架）来下降或提升脚手架。 不要攀爬交叉支撑或从侧轨进入脚手架。 只保留在平台上执行任务所需的工具和材料。 通过拆卸或固定工具或材料来控制滑动和绊倒的危险。 当在 1. 8m 或以上高度工作时，应使用防坠落防护系统（护栏系统或个人防坠落系统）。 不要在有可能接触通电架空线路的地方站立或使用工具、设备。 如果您的身体任何部分，工具或材料的任何部位将在通电线路 6m 范围内，请联系电力公司

脚手架安装检查表 表 4-14

<table>
<tr><td>地点:</td><td colspan="2" rowspan="2">设计标准
高度: ____________
宽度: ____________
长度: ____________</td></tr>
<tr><td>最大预期负载:</td></tr>
<tr><td>安装/主管人员（打印姓名）:</td><td colspan="2">已完成: 日期:</td></tr>
<tr><td>项目</td><td>检查</td><td>特殊条件/附加控制措施</td></tr>
<tr><td>脚手架部件状态良好</td><td></td><td></td></tr>
<tr><td>脚手架连接是安全的</td><td></td><td></td></tr>
<tr><td>脚手架水平、垂直，放置在底板（支撑脚手架）和牢固的基础上</td><td></td><td></td></tr>
<tr><td>脚手架腿之间安装交叉支撑</td><td></td><td></td></tr>
<tr><td>搭建的脚手架可支撑最大预期负载</td><td></td><td></td></tr>
<tr><td>轮锁可在移动脚手架上操作</td><td></td><td></td></tr>
<tr><td>板材安装正确且安全。 防滑钉固定或木板适当延伸（超过窗台 15~30cm，长度可达 3m）</td><td></td><td></td></tr>
<tr><td>为了保持木板连续，应重叠至少 30cm，延伸 15~30cm 超过窗台</td><td></td><td></td></tr>
</table>

续表

项目	检查	特殊条件/附加控制措施
工作平台防坠落防护： 在侧轨 24cm 范围内完全铺设； 顶部导轨（91～114cm）； 中导轨（大致居中）； 踢脚板； 通道		
如有必要，结构应稳定，防止倾倒。固定在最近的水平杆处，根据如下要求固定： 最初，固定在最小底座尺寸 4 倍的高度； 尺寸大于 0.9m 时，每 8m 固定一次，尺寸小于 0.9m 时，每 6m 固定一次； 每隔 9m 长，固定在最近的竖杆上		
脚手架状态标签已完成，并附在接入点附近		
脚手架检查标签附在接入点附近		
其他评价：		

脚手架检查表 **表 4-15**

检验日期：	检查员姓名：		
检验项目	是	否	行动/评价
在接入点附近附加了一个完整的脚手架状态标签			
安装了梯子、楼梯或特殊设计的框架			
脚手架单元垂直且水平，放置在稳定和牢固的基础上（包括支撑脚手架的底板）			
支撑腿对角线交叉支撑到位			
当高度与底座的尺寸比例超过 4∶1 时，应安装支架、系带或支撑以保持脚手架单元的稳定性			
完成目视检查是否存在松动、损坏或缺失的部件（如锁定销、木板、通道、框架或支撑）			
工作水平平台固定在护栏之间，以防止移动			
平台上没有碎片和打滑/脱扣的危险			
如果需要，平台护栏在所有开口侧/端部均应固定到位			
由安装的护脚板、工作平台水平的屏蔽、区域路障或檐罩提供坠落物保护			
如有需要，将审查秋季防护文件			
其他危险得到控制（如夹点、热表面及电气等）			

4.12 起重机及人员吊装 Cranes and Personnel Hoisting

4.12.1 范围 Scope

起重机的安全运行、维护和人员吊装。

4.12.2 概述 Introduction

员工应遵守所有起重机操作的制造商规范并受到相关限制。当需要使用起重机人员平台时，应被允许使用该平台，因为使用到达工作区域的常规工具，如梯子、楼梯、空中升降机、升降工作平台或脚手架更危险，或这些工具由于结构设计或项目条件而无法使用。

4.12.3 要求 Requirements

（1）起重机

1）负载额定值

a. 具有指定吊臂长度和工作半径的起重机的负载等级见起重机制造商的容量表。这张图表是该特定起重机的指南，因为它规定了起重机及其部件的设计限制。

b. 当温度低于 -18 ℃时，负载额定值应降低 2%，直到达到 -34 ℃。不建议在低于 -34 ℃的温度下吊装。

2）钢丝绳

所有的吊装钢丝绳都必须由制造商推荐。起重机更换的吊装钢丝绳必须与起重机制造商推荐的尺寸、等级和结构相同。

a. 检测到下列情况时，应更换绳索：

a）在任何一条层中随机分布 6 根或更多的断线，或当在任何一条层的任何一条链中有 3 条或更多的断线时；

b）任何一根中的两根或多根断线位于端连接以外的部分，或当在端连接处断线时；

c）磨损量为外部个别导线原始直径的 1/3，钢丝绳结构发生弯曲、破碎、打结或任何其他损坏或变形；

d）热损伤的证据；

e）对于直径在 19mm 及以下的钢丝绳，绳径减少超过 1.2mm 时；对于直径为 19～32mm 的钢丝绳，绳径减少 1.5mm 时；对于直径为 32～38mm 的钢丝绳，绳径减少

2.4mm 时。

b. 不要让钢丝绳被污染或卡住。

3）操作

a. 在每次吊装之前，负责吊装作业的负责人必须确定载荷的重量在 + 5%以内。在确定载荷重量时，所有搬运装置如吊索、吊梁和载荷块的重量应视为载荷的一部分。

b. 不得通过将设备连接到起重机的龙门架或上部工程上来提高提升能力。

c. 每次负载的重量达到或接近起重机的额定重量时，起重机操作员将通过提高负载离地面几 cm 并刹车来测试起重机的制动器。

d. 操作员在高处使用长吊臂时应特别小心。不得使用起重机吊杆将负载向侧面移动。

e. 每个起重机必须附有负载等级表。操作员必须能够在其正常操作位置读取此图表。

f. 负责起重作业的主管应指派一名合格的工人向起重机操作员发出信号。起重机操作员只能从指定的信号员那里接收信号。

g. 当任何人在负载或吊钩上时，操作人员不得升高、降低或摆动吊臂、负载或随负载移动。操作人员不得在人员上方摇摆负载。

h. 应随时使用标签线，除非它们不实用。

i. 当使用鞭绳或起重机运行时，应将主吊钩系回到起重机的上部工作。

j. 当起重机无人看管时，即使只是在很短的一段时间内，操作人员也应确保驾驶室的回转机构被锁定。每个班次结束时，操作人员应确保主钩固定在安全锚上。当可能发生大风时，应将起重机吊臂放下，并放置在合适的支撑架上。

k. 检查操作区域是否有危险，确保与电力线路保持适当的距离。

l. 确保起重机的摆动半径受到限制。

m. 请勿使用其他制造商生产的配重。

n. 小心地安装起重机，使用提供的抓斗和手柄。

o. 当发现材料未被正确装配或存在危险时，操作员就会交叉手臂，提醒装配员不得操作起重机。

4）维护保养

起重机及其设备必须定期接受检查；这些检查的书面记录、签字和日期应随时可查。这些记录应包括起重机使用和维护的日期和详细记录。

a. 每日检查

a）所有安全装置；

b）空气和液压系统的恶化或泄漏。

b. 每周检查

a）吊钩和配重块是否有损坏或过度磨损的迹象；

b）绳索，吊坠和末端配件；

c）动臂弦杆和桁架；

d）滚筒和轮轴；

e）销、齿轮、滚轮和锁定装置。

c. 每月检查

a）制动器和离合器系统零件、衬套等；

b）负载、动臂角度等指示灯；

c）链轮传动；

d）行程转向、制动和锁紧装置。

d. 每年检查

外部机构或制造商代表将执行检查。

5）检验表格

a. 在验收使用前，应使用检验报告表记录起重机的一般外观和状况；

b. 在一件设备被放行前，必须进行检查；

c. 在关键吊次之前，应填写检查表格。

6）临界升降机

所有超过起重机重量 85% 的升降机和需要一台以上起重机的升降机应符合以下规定：

a. 检查表

a）起重机能否到达升降机区域；

途中是否有道路/桥梁限制；

起重机的长度、宽度和高度是否允许其进入升降区域；

升降机区域是否有交通管制。

b）升降机区域是否需要考虑轮胎/支腿支撑；

是否承担公用事业；

是否有陡峭的斜坡；

是否在新回填的区域；

是否有未压实的石头；

是否存在冰雪冻土；

是否存在软地面条件。

b. 程序

a）评估工作区域内的所有障碍物（电线、电线杆、树木、建筑物、交通、围栏等）；

b）检查筛分并确定所需的零件数量，以及是否有足够的钢丝绳；

c）确定载荷半径；

d）选择索引方法；

e）确定所需的吊杆长度；

f）从起重机配置的负荷图中扣除所有需要的费用；

g）确定与起重机相关的吊装区域，即后面、侧面或前面，并使用适当的图表；

h）在载荷半径处使用悬臂时，只须将悬臂额定值与主悬臂和/或附件额定值进行比较，并使用较小的数值；

i）如果升降机接近机器容量，在负载图的结构限制区域内，首先在安全区域测试升降机；

j）在进行选择之前，请确保已按照加载图表和范围图上的所有注释、注意事项和警告进行作业；

k）当升降机完成时，起重机操作员必须考虑其他因素，如风向、风速、使用标签线来控制负荷、动态载荷等，并作出必要的改变，以保持电梯在起重机的工作能力之内。

（2）卡车起重机的操作限制

应严格执行以下指示：

1）起重机在 0.6m 范围内保持水平误差不超过 3mm。

2）所有支腿必须完全展开，为了确保支腿具有相同的负载，所有的车轮必须提起，直到它们离开地面。

3）当地面条件不理想时，必须在所有支腿支架下使用超过支腿支架尺寸的枕木。

4）前保险杠配重应仅用于提升起重机制造商推荐的长吊杆。不得使用前保险杠配重来增加起重机的起重能力。

5）当机器倒车时，必须使用信号铃或喇叭来发出警告。

（3）履带起重机的操作限制

应严格执行以下指示：

1）起重机在 0.6m 范围内保持水平误差不超过 3mm。

2）只能在坚硬的地面上转弯。

3）当地面条件不理想时，请使用枕木。这些枕木应该横向放置到轨道上，并且枕木的长度应该大于双轨的外部宽度。

4）当履带起重机移动时，或者当移动和摇摆同时进行时，额定负载降低 20%。

（4）液力起重机的操作限制

应严格执行以下指示：

1）在橡胶上

a. 当行驶中使用接近起重机容量的载荷（按橡胶等级计算）时，必须使用机械摆动锁，并将行驶速度降至蠕变速度；

b. 所承载的载荷必须固定在液压起重机的前部；

c. 当机器倒车时，必须使用信号铃或喇叭来发出警告。

2）在稳定支撑上

a. 所有支臂必须完全展开，为了确保支臂具有相同的负载，所有的车轮必须提起，直到它们离开地面；

b. 当地面条件不理想时，必须在所有支腿支架下使用超过支腿支架尺寸的枕木。

（5）人员吊装

1）使用起重机提升人员时适用的规定

a. 升降速度不得超过 30m/min；

b. 载重线应至少能承受最大预期载荷的 7 倍重量而不发生故障，除非使用抗旋转支架，否则载重线应至少能承受最大预期载荷的 10 倍重量而不发生故障；

c. 当被占用的人员平台处于静止的工作位置时，应使用负载和臂架提升机的鼓式制动器、摆动制动器和锁紧装置；

d. 载重线提升滚筒应具有控制的降载能力，禁止自由落体；

e. 起重机在 0.6m 范围内保持水平误差不超过 3mm，并位于牢固的基础上，带有支臂的起重机其支臂应全部展开；

f. 在任何半径内，装载人员平台和相关索具的总重量不得超过起重机额定重量的 50%；

g. 禁止使用带有活吊杆的起重机；

h. 必须使用吊杆角度指示器；

i. 伸缩式臂应配备指示动臂延长长度的装置；

j. 具备主动预防装置或损坏预防功能；

k. 至少有两个制动器，其中一个应安装在动臂提升机滚筒上，滚轮中的蜗轮或载荷锁紧液压阀被认为是一种制动装置；

l. 液压起重机的液压系统中必须有限流器或止回阀，以防止动臂不受控制地下降。

2）人员平台

a. 设计标准

a）人员平台和悬挂系统应由擅长结构设计的合格人员进行设计；

b）悬挂系统的设计应能尽量减少因人员移动而导致的平台倾斜；

c）该平台应能够支持至少 5 倍于最大预期的负载；

d）平台的所有焊接都应由 1 名合格的焊工进行；

e）每个平台应提供从地面到地面以上 1m 高的周边保护网，该保护网应由密封或洞口不大于 1cm 的金属网面组成；

f）检修门应向内摆动，并配备锁紧装置；

g）平台应张贴标牌或其他永久性标记，表明平台的重量和载重能力；

h）应在整个平台周边安装栏杆；

i）应提供足够的净空高度，使得人员能够在平台上直立。

b. 人员平台装载

a）不得超过人员平台的额定承载能力；

b）该平台不得用于提升材料。

c. 索具

a）当使用钢丝绳将人员平台连接到吊索时，钢丝绳应连接到单个锁环或卸扣上；

b）钢丝绳、卸扣、吊环和其他索具的安全系数应为 5；

c）钢丝绳吊索中的所有吊环均应使用套管。

3）检查和测试

a. 起重人员之前，应对吊装人员平台的起重机进行检查，以验证所有系统、控制和安全装置均已启动并正常工作；

b. 在每个新的设置地点首次吊装之前，应以平台预期负载的 125%进行全周期操作测试提升；

c. 试吊后，应将平台抬高离开地面几厘米，并进行检查，以确保平台安全、平衡。必须满足以下条件：

a）提升钢丝绳不应有扭结；

b）多个零件线不得相互缠绕；

c）主要附件应在平台上居中。

4）安全工作实践

a. 在升高、降低、定位时，人员应完全停留在平台内；

b. 如平台未着陆，应在人员离开或进入平台前将平台固定在结构上；

c. 当实际使用时，应使用标记线；

d. 严禁在吊车行走时吊装人员；

e. 起重机操作员应始终保持控制状态；

f. 被吊人员应持续与操作员或信号人员沟通；

g. 占用人员平台的人员应佩戴全身安全带；

h. 用于将平台连接到提升线上的硬件不得用于提供任何其他服务；

i. 应召开由吊车操作员、信号人员、吊装人员及其主管参加的吊装前会议，讨论应执行的程序；

j. 需要具有起重机操作认证资格的操作员，只使用一个信号人员来指挥操作员，一旦货物被吊起来，起重机操作员就是负责人，现场应附上起重机信号的样本。

4.12.4 所需的表格 Required Forms

（1）临界提升计划见表 4-16。

（2）起重机检查报告见表 4-17。

（3）起重机升降机许可证见表 4-18。

（4）起重机升降许可证说明见表 4-19。

（5）设备操作员的认证见表 4-20。

（6）架空公用事业许可证见表 4-21。

（7）吊臂、剪刀式升降机检查报告见表 4-22。

临界提升计划 **表 4-16**

此表格有两种使用方法：1. 按照指示填写表格；2. 把表格作为计划撰写的模板或大纲
涉及一台以上起重机的升降机，请附加“起重机信息和设置”“负载、半径和起重机容量”和“关键人员姓名——起重机操作员”部分
以下情形需要制定关键吊装计划：1. 在要求的半径范围内，吊重超过吊车总容量 75%；2. 使用两台或两台以上起重机的升降机；3. 起重机上的负载不能提前准确确定，包括拉拔力；4. 非垂直起吊；5. 其他有特殊危险的吊装；6. 合同要求制定关键吊装计划的情形

续表

关键吊装计划应由项目负责人或其指定的负责人或工程师制定，并经项目负责人批准后签字。 起吊前，应向吊装现场负责人和项目经理提供一份方案副本，并将副本与项目记录保存在一起。 应向操作人员、信号员和机组人员说明吊装要求
关键吊装描述：

起重机信息与设置：		
模型	吊杆长度	起重机设置
影响起重机吊装能力的特征（例如吊臂类型、臂架附件、履带位置、驳船起重机机器降额、超过前面/超过现场能力等。 如果空间不足，请附页）：		

载荷、半径和吊车容量：		升力：　　kg
载荷描述及尺寸：		
负载重量：　　kg	索具的重量：　　kg	总重量：　　kg
最大吊装半径：　　m	最大载重量百分比：　　%	
负载重量应由起重机负载指示装置，计算、认证的重量滑移，或根据公布的信息，项目通信或工程图纸中提供的信息确定。 **索具重量应包括吊车的附加设备、钢丝线、配重块、吊索、起重梁、卸扣和其他硬件。** **吊车容量应如上面的吊车设置所述**		

主要人员姓名					
主管：			起重机超载比测量员：	信号员：	
起重机超载负责人：			其他关键人员：		
现场设置清单：选择相符的选项，如果选“是”或“描述”，请使用附件作为描述					
地面斜坡或地面稳定问题	否	是	支架或履带下需要垫物或挡物	否	是
摆动半径/街垒的问题	否	是	负载与臂架的间隙宽度小于臂架长度的 10%	否	是
升降机附近的架空电力线路	否	是	两个挡块间隙小于臂架长度的 10%	否	是

现场设置清单：选择相符的选项，如果选“是”或“描述”，请使用附件作为描述						
接近最小半径限制	否	是	拉和测量拉负载的手段	否	描述	备注
使用的标签线	否	是	摆动速度	通常	描述	备注
吊装期间需要转动负载升降机	否	是	沟通协调电梯的手段	手势	对讲机	描述
10s 以内的任何障碍	否	是	环境限制，除了风		通常	描述
升降机正常使用时的最大风速	m/s		对于有多个起重机的电梯：控制每个起重机负载的方法 起重机：		否	描述

续表

计划附件：圈“否”或“是”		
起重机图表（必需）*		是
荷载计算，包括索具重量（必需）		是
带负载提升点的索具图（必需）		是
升降机布局及时序图**	否	是
索具设计计算***	否	是

注：* 如果有浮沉，请在驳船稳定图上安装吊车；
** 如果需要起重机移动或需要一台以上的起重机，则需要起重机布局和顺序图；
*** 索具设计计算是必需的，除非索具组件的负载很明显，并且所有索具组件都具有目录负载能力

负责内容	标题	评价
	负责人	
	项目经理	

起重机检查报告 **表 4-17**

巡视类型：	□每天到岗	□每月	□每年
检查：		标题：	日期：
起重机 履带起重机 汽车起重机 浮动平台	所有“故障”必须在起重机投入工作前在备注下更正、注明日期并签字。		
起重机编号：	制造商 & 尺寸：	工作编号：	位置：

列项	通过	失败	不适用	备注
吊杆（索 & 系带）	□	□	□	
吊杆角度指示器	□	□	□	
双滑块制动系统	□	□	□	
负载指示器	□	□	□	
臂	□	□	□	
起重机的安全电缆	□	□	□	
变矩器	□	□	□	
起重机回转锁/制动	□	□	□	
负载电缆	□	□	□	
吊杆的电缆	□	□	□	
标语和电缆	□	□	□	
吊坠	□	□	□	
捆	□	□	□	
鼓式制动器	□	□	□	
鼓爪/卡爪	□	□	□	
旅行锁紧装置	□	□	□	

续表

列项	通过	失败	不适用	备注
履带痕迹	□	□	□	
驾驶室玻璃	□	□	□	
灭火器	□	□	□	
紧固螺栓	□	□	□	
量规和量规玻璃	□	□	□	
独立的伸臂式起重机	□	□	□	
稳定支撑	□	□	□	
抗衡	□	□	□	
离合器/摩擦	□	□	□	
轮胎充气正常	□	□	□	
驾驶室张贴载重图	□	□	□	
张贴手势信号图	□	□	□	
高电压警告贴应贴在驾驶室的前方、右前方和左前方	□	□	□	
液压/机油/齿轮机油/冷却剂	□	□	□	
备用警报	□	□	□	
喇叭、转向灯、车灯、刹车灯	□	□	□	
挡风玻璃刮水器	□	□	□	
摆动半径标示	□	□	□	
一般情况/清洁	□	□	□	
制造商起重机操作手册	□	□	□	
如果起重机安装在驳船上，专业工程师的图纸	□	□	□	
根据图纸捆绑	□	□	□	
专用的救援梯	□	□	□	
驳船上下舷梯	□	□	□	
带 90° 弯头的救生环	□	□	□	
挂钩和锁扣变形、损坏、裂纹或磨损	□	□	□	
按照起重机制造商的要求，正确使用钢丝绳	□	□	□	
钢丝绳在卷筒和滑轮上正确卷绕	□	□	□	
钢丝绳的缠绕符合起重机制造商的规范	□	□	□	
用于松动或错位的楔子和支架（攀登塔式起重机）	□	□	□	
支撑吊车桅杆的支架（塔式起重机和井架）	□	□	□	
锚栓基础连接松动或失去预紧力（塔式起重机和井架）	□	□	□	

续表

列项	通过	失败	不适用	备注
根据制造商的建议安装井架桅杆配件和连接	□	□	□	
驳船或浮桥压载正确	□	□	□	
甲板负载妥善固定	□	□	□	
消防和救生设备就位并正常工作	□	□	□	
检查船体空隙室有无渗漏	□	□	□	

负责内容	标题	评价
	负责人	
	项目经理	

起重机升降机许可证 **表 4-18**

注：配置升降机时，超过起重机起重能力 75%的吊装作业需要起重机许可证				
1. 项目名称：	2. 项目编号：	3. 吊装日期：	4. 升降时间：	5. 升降机位置：
6. 起重机制造商：	7. 型号：	8. 序列号：	9. 吊臂/臂长（英尺）：	
10. 提升过程中的最大半径（挑、摆、套）：	11. 摇摆方向和摇摆度：	12. 提升高度（m）：	13. 吊杆角度：	
14. 是否使用起重机悬臂： □是　□否	长度：__________ 重量：__________	直立：__________ 装载：__________		15. 根据区块 9～14 中列出的参数确定的制造商额定产能：
16. 组件重量（减少） 臂/吊杆扩展：__________ 上吊臂点：__________ 球与钩：__________ 加载块：__________ 索具和起重设备：__________ 钢丝绳下方（如果适用）：__________ 升降梁或杆：__________ 合计：__________	17. 载荷描述及重量：			
	18. 负重和起重由谁决定：			
	19. 总吊重（区块 16 和区块 17 的重量相加）：	20. 起重机载重能力百分比（用区块 19 的参数除以区块 15 的参数）：	21. 索具安全系数是否为 5：1： □是 □否	
	22. 锁链和卸扣尺寸和条件：			
23. 是否需要标记线： □是　□否	24. 钢丝绳块部分：	25. 天气情况（如刮风或下雨）：		
26. 是否存在电气危险：□是　□否（如果是，请解释）	27. 土壤条件：			
28. 是否存在地下危害：□是　□否（如果是，请解释）	29. 是否存在其他危害：□是　□否（如果是，请解释）			

续表

30. 是否会举行升降机作业前会议: □是 □否	31. 起重工的姓名:	32. 旗手的姓名:
33. 审查		
A. 运营商:	D. 工艺主管:	
B. 设备负责人:	E. 项目安全主管:	
C. 索具单点责任人:	F. 项目经理/施工经理:	

起重机升降许可证说明 **表 4-19**

1	输入项目名称
2	输入部门和项目编号
3	输入吊装将进行的日期
4	输入一天中吊装进行的时间
5	注明电梯的厂房或施工现场位置
6	输入用于执行提升的起重机的制造商名称
7	输入用于执行提升的起重机的型号
8	输入用于执行提升的起重机的序列号
9	在起吊时，请标明起重机中的主臂和臂长（如果配备）
10	指出在拾取、摆动和设定的提升周期中，负载将达到的最大半径
11	指示起重机的摆动方向（左或右）和摆动程度
12	以 m 为单位，注明载重能达到的最大和最小高度
13	在起吊的开始（抓斗）和结束（套）处标明起重机的吊臂角度
14	如果在方框里勾选，需要完成悬挑臂的长度和重量配置，然后检查直立部分和装载情况
15	根据区块 9～14 所示的参数，在制造商的产能图中指出起重机的总产能。如果臂架/臂架延伸部分不用于执行提升，则不要从区块 15 的主臂架容量额定值中扣除其重量。它将作为区块 16 的一部分被扣除
16	注明起重机制造商关于所列每一项的推荐减重方案，并对该栏进行合计
17	描述要提升的货物及其重量
18	输入确定货物重量的人的姓名，以及如何确定重量（如根据运单或秤）
19	通过将区块 16 和区块 17 的重量加在一起来表示总吊重
20	用区块 15 除以区块 19 的参数表示起重机提升能力的百分比。如果负载/容量百分比等于或超过 95%，则不进行提升
21	验证用于执行提升的索具设备（如卸扣或锁链）是否具有 5：1 的安全系数。如果确定所有索具的容量等级为所支持负载的 5 倍，在“是”行中输入一个检查标记；如果不确定，则在“否”行中输入复选标记
22	输入电梯使用的锁链和卸扣的尺寸及其物理状况
23	如果要使用标记线，请在适当的框中输入复选标记
24	在提升过程中输入装卸线内的零件数量

续表

25	指出提升期间的天气情况，重点是风速和风向，以及下雨的概率
26	在适当的方框内打勾，以表明升降机区域（起重、摆动或起重装置）附近是否有电气危险。 如果是，说明与电气危险的距离、电气危险所在区域的方向、电压值、离地面线路的高度，以及危险是在地面上还是地下
27	说明提升区域的土壤类型，如松散的、压实的或原始土地，含水量，或邻近的挖掘情况（离悬臂/轨道的距离和深度）
28	说明吊车设置区域是否存在现有的地下危害。 如果存在，请说明危害的类型（如水、污水、排水或电气）和危害的深度
29	说明升降机区域内是否有任何其他会干扰升降机运作的危险。 如果有，请说明所涉及危险的类型及其距离
30	在适当的方框内打勾，表示是否将与所有相关人员举行吊装前会议
31	输入起重工的姓名
32	输入旗手的姓名
33	让指定的 6 个人按照列出的顺序在表格上签字

设备操作员的认证 **表 4-20**

工作地点或位置		主管	
筹备者		日期	

兹证明本人已收到《机械物料搬运设备操作规程》一份。 我已确认以下签署人关于这些规则的个人指导和交底，并已为以下具体列出的设备颁发了设备操作员证书：

制造商	型号

注：我知晓不遵守安全规则可以被解雇。

名称（打印）	签字	日期	工作分类

教练	标题	日期

设备操作员袖珍卡 **兹证明：**
姓名：
已接受《机械物料搬运设备操作规程》中的个人指示，并被授权操作指定的设备。
授权签字、职务
证书有效期为 1 年，自培训之日起生效。
培训日期：
设备制造商及型号：

注：给操作员复印一份操作员卡，他必须能够在任何需要的时刻出示这张卡；
承包商/分包商有责任在运营开始前 24h，在 9m（平视）的架空公用设施上取得此许可证，许可证到期后，应将一份副本交回工作现场或地点办公室。

架空公用事业许可证　　表 4-21

日期:	时间:	过期日期:	过期时间:
负责人:			
领班:		信号员:	
经营面积:			
活动描述:			

设备	操作员	签字

主管		
负责人签字		
领班签字		

注：以上签字证明已对上述操作人员进行了适当的培训和安全说明。通过签署此表，主管对其人员的行为和设备的情况负责。未经企业批准，不得擅自更改或延长本表格。

吊臂、剪刀式升降机检查报告　　表 4-22

企业代表		标题	日期
检查类型：□现场查验　□每天　□每月　□每年			
检查:		标题:	日期:
在起重机投入工作之前，所有“失败”都必须被消除，注明日期，并在备注栏草签			
设备编号:	制造商 & 尺寸:	工作编号:	位置:

续表

列项	通过	失败	不适用	备注
平台组装完整无损	□	□	□	
飞臂机头部分干净且完整	□	□	□	
平台控制台完好无损	□	□	□	
脚踏开关操作	□	□	□	
吊杆	□	□	□	
吊杆衬垫	□	□	□	
功率跟踪	□	□	□	
标牌/警告标签	□	□	□	
操作人员和安全手册	□	□	□	
油箱满	□	□	□	
泄漏-液压油/发动机油/冷却液	□	□	□	
电线和电气元件	□	□	□	
液压软管、配件、油缸、歧管	□	□	□	
燃料和液压油箱	□	□	□	
驱动/转盘电机/驱动轮毂	□	□	□	
螺栓、紧固件	□	□	□	
限位开关和喇叭	□	□	□	
报警 & 灯塔	□	□	□	
悬臂、稳定器、可扩展轴	□	□	□	
已安装灭火器	□	□	□	
轮胎充气正常	□	□	□	
发动机启动时进行控制检查	□	□	□	
紧急停止按钮	□	□	□	
喇叭	□	□	□	
脚踏开关不压下时，开关/控制手柄不能操作	□	□	□	
脚踏开关压下时，平台功能可进行全周期操作	□	□	□	
转向功能操作	□	□	□	
行驶和刹车功能	□	□	□	
吊臂升降	□	□	□	
吊杆延长和收回	□	□	□	
摆动幅度	□	□	□	
总体评价:				

负责内容	职位	评价
	负责人	
	项目经理	

4.13 机动车辆及移动设备 Motor Vehicles and Mobile Equipment

4.13.1 范围 Scope

机动车辆和移动设备的安全运行。

4.13.2 概述 Introduction

被分配操作机动车辆和移动设备的员工应当接受培训，并取得操作设备的资格。

4.13.3 要求 Requirements

（1）通用原则

1）操作前先阅读厂家说明书。

2）任何报告的泄漏或机械问题将导致车辆或设备立即关闭。

3）操作人员应保持车辆或设备的清洁，包括窗户和反光镜。

4）所有操作人员应根据工作条件穿戴所需的防护用品，如安全帽、安全眼镜、安全靴或设备。

5）如有规定，员工应系安全带。

6）加油时应关闭所有发动机。

7）将车停在车流之外，并设置反射器或警示灯。

8）在斜坡上停车时，车轮应用楔子卡住。

9）员工服用非处方药品或处方药时，应向其主管报告，主管将决定员工是否可以继续安全操作。

（2）机动车

1）操作人员须持有适用于其操作车辆的有效驾驶证。

2）企业自备车辆应配备灭火器和急救箱。

3）在任何时候，车辆上必须携带有效的登记证和保险证明。

4）车辆应保持在安全运行状态（适合上路行驶）。

5）向主管报告车辆损坏情况。

6）操作人员应遵守所有适用的国家和地方法律和企业政策。

（3）移动设备

1）通用原则

a. 操作人员除接受岗前药物筛查外，还应接受包括视力检查在内的基本就业体检。根据企业、客户或当地有关部门的要求，可以对操作人员进行定期药物筛查。

b. 在分配之前，操作人员应接受检查人员对设备操作进行测试和观察。测试人员应确保操作人员完全掌握如何阅读负荷图，并以安全、高效和平稳的方式运行设备。

c. 应每天在每次使用前对分配的移动设备（包括起重机）进行检查。操作人员应填写并提交《每日设备检查日志》。操作人员应确保张贴所有要求的额定负载能力、建议的操作速度和任何特殊的警告标志；备用警报正在工作，设备上有灭火器。

d. 操作人员在操作设备时，不得吃喝、使用手机或阅读等。

e. 操作人员必须了解手势，并且只接受一个人的手势信号。任何人发出“停止”信号，操作人员都应服从。如果操作人员无法看见放置点，必须设置信号员。

f. 在进入工作区域之前，设备操作人员应检查是否有架空电力线路，以及其他可能妨碍其移动或操作的障碍物或危险。

2）叉车

a. 检查作业区域是否有危险，确保与电源线保持适当距离；

b. 操作人员应了解所操作的叉车的容量和操作特性；

c. 让其他员工远离操作人员的操作；

d. 在拾取材料之前，一定要参考装载图；

e. 货叉应在离地面最小的安全距离内行走；

f. 切勿离开操作员座位，除非先将货叉放下地面，设置停车制动器并将控制装置置于中间状态；

g. 不要让任何人触碰、倚靠、通过或爬上桅杆、臂架及升降机构；

h. 不要把重物举过任何人的头顶；

i. 如果在较高的地方放置重物，请听从信号员的引导。

3）高架作业平台

a. 操作人员每天检查时应测试控制装置；

b. 吊篮内的员工应佩戴个人防坠落装置，并将吊绳系在提供的栏杆上，不得将吊绳系在建筑物上；

c. 除非断电，否则不得在电力线路附近使用空中升降机；

d. 除非得到平台上工作人员的许可或发生紧急情况，否则不得在地面操作控制；

e. 如果升降机配有支腿架，确保支腿架完全伸出，并在软表面的垫板下使用支腿架；

f. 如果风速超过 48km/h，请勿操作；

g. 不要让人在平台下工作，在该区域设置路障；

h. 外部机构应检查需要年度认证的移动设备。

4）挖掘

a. 检查作业区域是否有危险，检查人员应与电源线保持适当距离；

b. 在进行维护时，要小心夹点，不要把设备抬起来；要用支架把设备围住；

c. 挖掘时，操作人员不得让其他工人进入其作业区域；

d. 在已知存在地下设施的地方进行挖掘时要谨慎。当接近公用设施时，应让信号人员通知操作员；

e. 在斜坡上作业时，应避免沿山坡移动；

f. 禁止任何人乘坐设备；

g. 将车停在平地上，确保铲斗放下并设置好刹车。

5）前端装载机/撬装机

a. 装载机进行维修或不使用时，铲斗应降至地面或堵塞，控制在空挡位置，电机停止并设置刹车；

b. 应保护好夹点；

c. 吊斗时撬装机操作人员应留在座位上；

d. 在斜坡上作业时，应避免沿山坡移动；

e. 小心地使用梯子、抓斗或提供的手扶架安装装载机，下梯子时，始终要面向机器，保持 3 个接触点；

f. 不允许任何人骑在你的设备上；

g. 不要在自卸车驾驶室上摇摆货物；

h. 倒车时，始终要看向后方，并确保声音警报器在工作；

i. 警惕可能干扰自身设备或对其他工人构成威胁的危险。

（4）搬运超大载荷或设备的程序

1）在任何超大负载被移动到现场或通过城镇之前，应根据负载高度和重量规范对路线进行评估和调整。设备的路线将根据装载高度、重量和出发地来确定。

2）程序适用于所有运输司机、分包商和交付人员。

3）当设备必须在可能与架空电源或通信线路接触的区域内移动或操作时，应对路线进行断电或采取其他预防措施。这是为了防止发生严重的伤害、对公共和/或私人的破坏，和/或当地城镇站点的电力损失。

4）任何时候，任何操作员不得在任何架空电力路线附近工作，除非该路线已断电或已采取预防措施以避免发生事故。必须遵守“锁定、标记”政策。

5）在移动任何超大载荷或设备之前，应遵循以下移动超大载荷或设备的一般程序：

a. 工作时应附有一份检查清单，并应完成所有方面的工作；

b. 施工方、测量员、电工、监理等根据移动和路线完成检查表的指定部分；

c. 在工作开始前，操作员/司机将检查工作地点和行车路线，并完成清单上的操作员/司机负责部分的工作。

6）责任

a. 监管人员

启动超大载荷移动或设备检查表；

确定要移动的货物的重量、高度和宽度；

列出该区域和路线上已知的警告或危险；

完成清单中的“请求者”部分；

在检查表上签字。

b. 测量员

与当地电力合作社、当地城市和其他必要的团体协调；

在检查表上确定并记录路线高度；

完成检查表中的“测量员”部分；

在检查表上签字。

c. 电工

与当地电气企业和其他必要的团队协调；

确定架空路线的类型；

确定区域内或路线上线路的电压；

确定工作区域或路线上的线路是否可以断电；

如果管线不能断电，确定并在检查表上记录适当的预防措施；

如果需要断电，提前通知用户可能会出现故障；

完成检查表中的“电工”部分；

在检查表上签字。

d. 主管

检查路线和工作现场；

向所有人员简要介绍安全要求和应急程序；

对旗手的职责进行简要说明；

确保指挥员了解他们的职责；

完成检查表；

在检查表上签字。

e. 定位员

确定地下路线的深度、类型和内容；

根据路线和负载的重量确定是否需要许可证；

签发许可证，并将其附在检查表上；

完成检查表；

在检查表上签字。

f. 操作员/司机

审核超大设备的安全移动计划；

与运行主管会面，审查安全和应急程序；

完成检查表中的“操作员/司机”部分；

在检查表上签字；

按照检查表上的要求完成工作；

一旦移动不安全时，立即停止作业。

4.13.4 评审过程 Review Process

该程序将每年或在发生变化时被审查和更新。

所有对操作人员的培训都应由有资格的人员进行，该人员应确保操作人员持有现行国家驾照，有资格进行基本维护和日常检查，安全高效地操作，并了解操作分配的设备所涉及的潜在危险。

4.13.5 所需的表格 Required Forms

（1）设备装卸/移动检查表见表 4-23。

（2）土方设备安全检查表见表 4-24。

（3）设备安全检查表见表 4-25。

（4）设备操作员执照记录见表 4-26。

（5）振动锤预使用检查表见表 4-27。

设备装卸/移动检查表

表 4-23

单元号： 设备类型：	日期： 发货地点：
急救箱	框架或机械臂
灭火器（销钉、当前标签、尼龙扎带）	履带式滚筒框架
备用报警装置	轮胎
喇叭	吊杆
刹车灯	玻璃
倒车灯引擎盖	转向装置
转弯指示灯（如果适用）	刹车系统
运行灯	停车制动器
挡风玻璃刮水器	车门
发动机防护罩	狭窄人行道
安全带	加热器/交流电
驾驶室的清洁	挡风玻璃洗涤器
液位	启动性能
阻塞块（不适用于履带式设备型设备）	异常声音
引擎	过滤器
散热器	其他：
燃油系统	
末端驱动	
液压系统	
排气系统	
铲斗齿	
检验人：	
主管签字：	

注：检查表示操作就绪，如果不适用，请注明，主车间必须备有一份检查表。

土方设备安全检查表

表 4-24

推土机、履带式拖拉机、铲运机和其他土方设备（初始/每月）				
日期：	类型：		型号：	
检查员的姓名：	设备编号：		抄表：	
下列项目在适用时必须检查。 如果不适用，请注明				
项目	是	否	初始 & 修正日期	日期
安全				
是否提供灭火器和急救箱				
警告仪表/警报是否有效				
安全带状况是否良好				

续表

项目	是	否	初始 & 修正日期	日期
安全				
喇叭状况是否良好				
挡风玻璃/窗户是否采用安全玻璃制作且状态良好				
备用警报是否有效				
配备的头灯、尾灯和方向灯是否可操作				
双向报警设备工作状态是否良好				
安全通道的台阶和把手是否处于良好状态				
液面/通用事项				
油位是否正常				
冷却液液位是否正常				
液压液面是否正常				
风扇皮带/软管是否良好				
轮胎/轨道条件是否良好				
液压软管是否出现泄漏				
是否有明显的机油或燃料泄漏				
刹车是否正常				
驻车刹车是否正常				
卡扣固定是否完好				
起重电缆、绞盘线等是否完好				
服务有效时间:	小时计:		日期:	
备注:				

设备安全检查表 **表 4-25**

电焊机、压缩机、发电机等（初始/每月）				
日期:	类型:		型号:	
检查员的姓名:	设备编号:		抄表:	
下列项目在适用时必须检查。 如果不适用，请注明				
项目	是	否	初始 & 修正日期	日期
安全				
是否提供灭火器				
警告仪表/警报是否有效				
备用报警是否有效				
配备的头灯、尾灯和方向灯是否可操作				
起重千斤顶是否处于良好的工作状态				
刹车是否正常				
驻车刹车是否正常				

续表

项目	是	否	初始 & 修正日期	日期
液面/通用事项				
油位是否正常				
冷却液液位是否正常				
液压液面是否正常				
风扇皮带/软管是否良好				
电池是否良好				
轮胎-气压/螺母是否良好				
是否有明显的机油或燃料泄漏				
液压系统是否维修好，是否存在软管泄漏				
如设备操作不良，请在备注部分说明				
服务有效时间:	小时计:		日期:	
备注:				

设备操作员执照记录 **表 4-26**

此表用于除起重机外的所有设备的许可				日期:
姓名:				
项目名称:		项目号:		项目位置:
永久地址:				手机号:
性别:	出生日期:	身高:	体重:	是否近视: □是 □否
设备许可证记录				
设备类型	**容量/能力**		**姓名/名称**	**截止日期**
评价:				
操作设备时，必须随身携带此卡。 卡号: 签发日期:				
运营商名称（打印）:				
永久地址:				
社保卡号:			电话:	

续表

发行项目名称:		发行项目编号:		发行项目位置:
性别:	出生日期:			
身高:		体重:	上次体检日期:	
发出许可者签字:			运营商签字:	
列明持卡人被授权操作的设备:				

振动锤预使用检查表 **表 4-27**

工作地点或位置					
筹备人				日期	
在使用		□是 □否			
项目	组件	合格	不合格	评价	
1.	软管				
A	穿透	□	□		
B	缺陷	□	□		
C	配件	□	□		
D	畸形	□	□		
2.	锤				
A	清洁	□	□		
B	配件	□	□		
C	钢筋螺栓	□	□		
3.	电源组				
A	清洁	□	□		
B	油泄漏	□	□		
C	液面	□	□		
4.	现场喷洒工具	□	□		
列出存在问题的项目					
批准			**标题**	**日期**	
			主管		
			负责人		

4.14　挖沟和挖掘 Trenching and Excavations

4.14.1　范围 Scope

最大限度地减少和消除挖沟和挖掘活动的潜在危害。

4.14.2　概述 Introduction

在挖沟或挖掘深度达到 1.2m 之前，必须由专业人员确定土的分类。根据土的类别选择安全的施工方法。

4.14.3　要求 Requirements

（1）总则

主管人员将确保按照本节的规定和所有监管要求就挖掘活动进行协调、沟通和推进。

1）在任何地下设施所在地进行挖掘之前：

a. 拨打该地区医疗中心电话；

b. 所有可能对员工造成伤害的地面障碍物都应被移除或做好支撑。

2）所有超过 6m 深的挖掘工作将由在工作地点注册的岩土工程师确认。

3）敞开式挖掘应以适当的方式设置路障位置。当邻近车辆通行时，应遵守当地公路部门关于警告和路障的规定。

4）在挖掘过程中，员工将受到保护系统足够的保护，以防塌方。例外情况有：

a. 挖掘完全在稳定的岩石中进行；

b. 挖掘深度不足 1.5m，专业人员对挖掘进行的检查没有显示潜在的塌方或其他危险情况。

5）开挖出的废弃土方将被储存在距离挖掘点两侧至少 0.6m 的地方，并且不会阻塞出口的通道。

6）挖掘深度为 1.2m 及以上时，必须设置楼梯、梯子、坡道或其他安全出口。通往出口的通道必须距离工作人员不超过 7.5m。工作人员进出基坑的方式须得到主管人员的批准。

7）进行挖掘工作的员工应受到保护，避免遭遇积水造成的危险。

（2）主管人员责任

主管人员是指能够识别环境中存在的和可预测的危害，或工作条件中存在不卫生、有

害或有危险等不利情况的人。主管人员有权及时采取纠正措施。主管人员的职责至少包括:

1）进行一次视觉测试;

2）了解安全标准和相关数据;

3）如果需要，确定适当的倾斜/支撑系统;

4）在条件改变后识别并重新对土壤进行分类;

5）确定支撑/屏蔽设备/系统足以保护员工;

6）进行空气测试以监测有害气体;

7）批准结构坡道设计;

8）确保地下设施/公用设施的位置;

9）对挖掘和邻近地区进行检查。

（3）土类型鉴定

1）简化土分类系统，由稳定岩、A型土、B型土和C型土四类组成，稳定岩稳定性最大，A型土至C型土稳定性逐步下降，C型土是最不稳定的。

a. 稳定岩被定义为天然固体矿物，可以垂直挖掘，暴露时保持完整。

b. A型土定义

a）无侧限抗压强度不小于16.6t/m^2的黏性土。

b）黏性土包括：黏土、粉质黏土、砂质黏土和黏壤土。

c）灰质和硬黏土等胶结土也被认为是A型土。

d）以下情形不可被划分为A型土:

（a）有裂缝;

（b）土壤受到交通、打桩或类似影响的振动;

（c）土壤曾被扰动过。

c. B型土定义

a）无侧限抗压强度大于5.55t/m^2，但小于16.6t/m^2。

b）颗粒无黏性土包括：角砾、粉土、粉壤土和砂壤土。

c）以前被扰动过的土壤，除了C型土的土壤。

d. C型土定义

a）无侧限抗压强度小于等于5.55t/m^2的黏性土壤;

b）颗粒土，包括砾石、砂土和壤土;

c）浸没的土壤或可以自由渗出水的土壤;

d）不稳定的浸没岩石。

2）专业人员将根据标准中的定义，在至少一项可视分析的基础上，对土类型进行分类。这些测试的目的是基于一系列标准来确定稳定性。

3）对作业现场的检查将确定振动源或事先挖掘的证据，如现有的地下设施。开挖观测将确定水分的存在和数量，以及分层、断层和破裂。

4）在进行现场判断时，专业人员必须回答三个问题：样品是颗粒状的还是结合成整体的？是有裂缝的还是无裂缝的？无侧限抗压强度是多少？

5）如果挖出的土壤是成块的，那么它就是有黏性的。如果它很容易破碎，不停留在团块，那么它是颗粒状的。如果对土壤的观察确定这种材料大部分是细粒状的，那么它就是内聚的；如果主要是粗粒状的，那么它就是颗粒状的。这种估计可能很困难。一种简化过程的方法是将样品在水中分散在一个透明的玻璃圆筒中，粗粒物质沉淀到底部，细粒物质在顶部分层。然后通过使用标尺和简单的算术很容易地确定相对百分比。

6）开裂的土壤会出现裂缝。对挖掘和样本的观察将显示出这一点，特别是在它干燥的时候。黏土在干燥时容易收缩和裂开。

7）无侧限抗压强度将有助于划分土壤类型，对其进行测试有几种方法。通常使用一种叫作袖珍渗透仪的装置，使用这种仪器进行的测试在土壤接近饱和时最精确，该仪器应作为其他几种测试方法的辅助工具。拇指插入测试同样有用，也很容易操作。如果试样能被打到凹陷状态，但要用力才能被穿透，那就是A型土，如果能被穿透几英寸，轻压成型，那就是C型土。B型土能被穿透1.3~1.9cm，用力压才能成型。

8）专业人员应对挖掘工程进行多次检查，以产生沿深度和长度方向一致的支持数据。沿一条道路，土的类型可能会多次变化，含水量也会随着天气和工作条件而变化。必须在施工过程中对这些因素加以考虑。

（4）边坡倾角

边坡倾角的意思是开挖的边坡不应超过“最大允许坡度”，这样它们就不会坍塌。如果开挖是倾斜的，有4种选择。

1）坡度达到C型土所需的角度。

2）使用规范提供的表格确定最大允许角度（在确定正确的土类型后）。

3）使用由注册岩土工程师准备的表格数据。

4）由注册岩土工程师专门为这项工作设计边坡倾角。

（5）支撑

1）使用一种由垂直构件（称为直立构件）、水平构件（称为威尔士构件）和十字支撑组成的框架来支撑开挖的两侧，以防止塌方。

2）当土体条件特别危险，或挖掘深度超过 3m 时，应在水平构件后方采用连续式挖方支撑，以对土体提供更有力的支撑。

（6）沟槽挡板或沟槽箱

1）虽然沟槽挡板或沟槽箱不能防止塌方，但它能够承受塌方造成的冲击力，保护结构内的工人安全。

2）在安装或拆卸沟槽挡板或沟槽箱时，任何人不得进入。

3）挡板的高度必须大于开挖的深度。挡板必须在开挖墙体倾斜的方向之上延伸至少 0.5m。

4.14.4 所需的表格 Required Forms

（1）挖掘许可证见表 4-28。

（2）完成开挖许可说明见表 4-29。

（3）开挖检查表见表 4-30。

（4）开挖日志见表 4-31。

挖掘许可证　　表 4-28

1. 挖掘原因:　　日期:	2. 开挖的位置:
3. 所需图纸（标识号）:	4. 其他受影响的图纸或文件（如有）:
5. 工作说明（附开挖位置及所有已知干扰物的合成图）:	
6. 特别指示或意见 是否需要预开挖扫描? □是　□否，如果是请说明:	
7. 挖掘要求规划检查表 是　否 □　□　距离铁路轨道中心线不足 6m □　□　距离通电的公用设施不超过 1.5m □　□　是否在红线外施工 □　□　暴露地下设施/结构	

续表

8. 列出受挖掘影响的设施、服务、结构和公用设施：	
审查	
9. 负责的主管：	日期：
10. 项目安全负责人：	日期：
11. 负责人：	日期：
12. 设施/系统负责人/认证工程师（最后签字）：	日期：

完成开挖许可说明 **表 4-29**

编号	从工程安全部门取得
1	发起人姓名和日期
2	输入进行挖掘工作的简要地点
3	描述要完成的工作的图纸
4	如有其他受挖掘工作影响的图纸或文件，请列出
5	描述挖掘工作的目的。 附上一份合成图，标明每一个待挖掘区域和所有已知的干扰物
6	输入与挖掘工程有关的特别指示/意见或规定，例如安全规定或额外规定的许可证。 确定所需的挖掘前勘探，并进行说明
7	检查适当的区块以确定所需的补充批准
8	列出将或可能受到挖掘影响的公用设施和服务等
9~12	获得指定机构的批准

开挖检查表　　表 4-30

地点:		
日期:	时间:	主管人:
土类型（见附表）:		
土质分类:	开挖深度:	开挖宽度:
采用的防护系统类型:		

每个项目都注明：是、否、不适用

1. 现场检查:	
每天开工前由专业人员检查开挖区域、邻近区域和防护系统	
主管人员有权命令员工立即从开挖现场撤离	
移除或支护地面障碍物	
避免松散的岩石或泥土掉落或滚动进入开挖区给员工带来危险	
所有员工都要戴安全帽	
废弃物、材料和设备要放置在距开挖区边缘至少 0.6m 外	
在所有偏远的开挖点、井、坑、竖井等处提供防护措施	
在 1.2m 深或更大深度的开挖区的人行道和桥梁处都配备了标准护栏和围挡	
暴露在公共交通车辆中的所有员工应穿着警示背心或其他明显可见的服装	
要求员工远离正在装卸货物的车辆	
移动设备在开挖区边缘附近作业时，应建立并使用预警系统	
禁止员工在吊装物下方工作	
禁止员工在斜坡表面或其他员工上方的台阶开挖区工作	
2. 公用设施:	
公用设施企业的联系方式或位置	
标明公用设施的确切位置	
开挖时保护、支撑或移除地下设施	
3. 出入口设置:	
在 1.2m 深或更大深度的开挖中，每隔 7.6m 设置一个出入口	
开挖区的梯子应固定并延伸到开挖边缘以上 1m 的位置	
员工应使用由专业人员设计的结构坡道	
由专业注册工程师（RPE）设计的运输设备使用的结构坡道	
坡道由厚度均匀的材料构成，底部固定，配有防滑表面	
在进入或退出开挖区时有保护措施，防止塌方	

4. **潮湿环境:**	
采取预防措施保护员工免受积水的影响	
由专业人员监测排水设备	
分流或控制地表水或径流，以防止在开挖过程中积聚	
在下雨或发生其他危险事件后进行检查	
5. **危险气体环境:**	
在可能缺氧、存在易燃物或其他有害污染物而使员工暴露在危险中的开挖区域进行气体检测	
采取充分的预防措施，以保护员工不暴露于含氧量低于19.5%的气体环境或存在其他有害气体的环境中	
及时通风以防止员工暴露在含有超过气体爆炸下限10%的易燃气体环境中	
经常进行测试，以确保气体环境的安全	
在可能或确实存在危险气体环境的地方配备紧急设备，如呼吸器、安全带、救生索和担架	
员工应受过使用个人防护装备和其他救援设备的培训	
进入深封闭开挖区时使用安全带和救生索，并由专人负责	
6. **支撑系统:**	
根据土质分析、沟槽深度和预期荷载选择支撑系统的材料和设备	
防护系统使用的材料和设备应经过检验并处于良好状态	
移除状况不良的材料和设备	
用于保护系统的材料和设备在受损后进行维修，并在重新投入使用前由专业注册工程师（RPE）检查	
应安装保护系统确保员工未暴露在塌方、倒塌或被材料及设备击中的危险环境中	
支撑系统的部件应进行加固，以防止失效	
为确保相邻结构、建筑物、道路、人行道、墙壁等的稳定性而提供支撑系统	
在受支撑的基础或基础水平以下进行的挖掘，须经专业注册工程师批准	
在支撑系统底部以下不超过0.6m的深度挖掘，而且只有在支撑系统的设计能够支撑全部深度的计算荷载时才能挖掘	
为防止横向移动而设置防护系统	
在垂直移动时禁止员工停留在防护系统内	
纠正措施及备注:	

注：由主管人员编写。

开挖日志　　表 4-31

日期:	签字:
天气:	项目:
是否联系医疗中心：是________　否________	
保护系统：防护罩（箱）________　木支撑________ 斜坡________　其他________________	
开挖目的：排水________水________下水道________煤气________其他________	
是否进行了目测土质测试：是________否________ 如果是，是什么类型?	
是否做了手工土质测试：是________否________ 如果是，是什么类型?	
土质类型：稳定的岩石________　A 型________　B 型________　C 型________	
是否存在表面障碍：是________否________ 如果是，是什么类型?	
水条件：湿________干________淹没________	
是否存在危害气体：是________否________ **（如果是，参照密闭空间进入程序；完成“密闭空间进入许可”；使用有毒气体监测仪）**	
挖沟或挖掘是否暴露于公共交通车辆中（尾气排放）：是________否________ **（如果是，参照密闭空间进入程序；填写《密闭空间进入许可证》；使用有毒气体监测仪）**	
测量槽：深度________长度________宽度________	
梯子是否在距所有工人 7.6m 范围内：是________否________	
挖掘材料是否存放在距离开挖边缘 0.6m 或更远的地方：是________否________	
员工是否暴露在公共交通车辆中：是________否________**（如果是，需要穿警示背心）**	
其他公用设施是否受到保护：是________否________ **（水、下水道、煤气或其他结构）**	
下水道或天然气管道是否暴露：是________否________ **（如果是，参照密闭空间进入程序；完成“密闭空间进入许可”；使用有毒气体监测仪）**	
是否进行定期检查：是________否________	
员工是否接受了相关挖掘培训：是________否________	

4.15　混凝土和砌体 Concrete and Masonry

4.15.1　范围 Scope

混凝土的安全成型，钢筋和铁丝网的放置，混凝土和砖石的放置和整理。

4.15.2 概述 Introduction

在混凝土和砌体工程施工之前，专业人员要进行审查并提出保护员工的要求。

4.15.3 要求 Requirements

（1）模板和支撑

1）模板的设计、制造、架设、支撑、紧固和维护应使其能够支撑合理预期的所有荷载。

2）支撑设备在安装前应进行检查，以确定设备符合模板图纸规定的要求。

3）在混凝土浇筑之前、期间和之后，应立即检查竖立的支撑设备。安装后发现支撑设备损坏或削弱，应立即加固或更换。

4）支撑的窗台应坚固，并能承受最大的预期负荷。

5）所有底板、支撑头、伸缩装置、调节螺钉应与基础、模板接触牢固，必要时应紧固。

6）在确定混凝土已获得足够的强度来支撑其重量和附加荷载之前，模板和岸板（用于标高板和滑移模板的除外）不得拆除。

（2）钢筋（螺纹钢）和钢丝网

1）墙、墩、柱和类似垂直结构的钢筋应有充分的支撑，以防止倾覆和倒塌。

2）应采取措施防止展开的钢丝网反卷。

3）在所有员工可能坠落处对凸出的钢筋都加以保护，以防止刺穿的危险。

（3）放置和整理

1）在混凝土吊桶被升降到位时，任何员工不得乘坐混凝土吊桶或在混凝土吊桶下工作。

2）提升混凝土吊桶时应确保没有员工，或尽可能少的员工暴露在混凝土从吊桶中掉落产生的危险中。

3）使用湿水泥和进行灌浆工作的员工应准备适当的个人防护装备，如面罩、手套和靴子，包括被指派负责管理混凝土泵软管的员工。

4）用于运输、放置和获取混凝土样品的手推车应有两个前轮，以保持稳定和安全，防止受伤。

5）手动导向的动力旋转型混凝土刮刀机，应配备控制开关，每当操作人员的手从设备手柄上移开时，控制开关会自动切断电源。

6）长柄扳手可能接触带电的电气导体，包括低电压和直流电流，应由不导电材料制成或用不导电护套绝缘。

（4）砌筑

1）在建造砖石墙时，应设立一个有限的出入区。限制出入区应：

a. 在开始修建隔离墙之前建立；

b. 等于墙的高度加上 1.2m，长度与整个墙的长度相同；

c. 建立在墙的一侧，且不使用脚手架；

d. 仅限参与筑墙工作的员工进入；

e. 留在原地，直到墙有足够的支撑，以防止倒塌。

2）应在结构的永久支撑构件布置之前支撑超过 2.4m 高的砖石墙。

3）员工在进行灌浆作业时，应穿戴适当的个人防护装备，如面罩和手套。

4.16 钢结构安装与放置 Steel Erection and Placement

4.16.1 范围 Scope

钢结构的安全操作、安装和栓接，包括接触钢材。

4.16.2 概述 Introduction

提供钢结构安装和平面布置图，以便制定安全的钢结构安装计划。

4.16.3 需求 Requirements

（1）工作地点勘察

1）监理工作开始前，应对现场条件进行勘查，确定危险源和需要安装的保障设施的类型和数量。勘察应包括以下内容。

a. 员工应该有畅通安全的通道进入所有工作区域；有走道、跑道和通道；有梯子、楼梯、电梯；进行地板和屋顶开口的防护；所有工作区域有足够的照明。

b. 应确定公用设施和服务设施的位置。应确定高压线路，切断电源或设置屏障。

c. 应定位所有加压管道。

d. 所有临时电线、焊接引线、压缩空气管道等，应架起和支撑在所有工作面、走道、楼梯和通道上方，以防止发生意外绊倒的危险，以及对电线、引线和管道造成损坏。

2）勘查结束后，尽快制定相关工作规定，以最大限度地减少员工在危险中的暴露。

（2）安全设备和工作程序

如有需要，应提供临时地板、安全网、周边护栏、梯子、楼梯和脚手架。

（3）防坠落措施

1）如果员工工作时暴露在超过 1.8m 的高度，则必须佩戴带有 2 条减振系带（或同等防护程度）的全身安全带。

2）安全缆绳（系绳）应固定在结构的一部分或能够支撑 2.4t 或更大重量的静态缆绳上。

（4）钢骨架建筑

1）临时地板

a. 除出入通道外，应在每座建筑物的工作地板的整个表面上进行牢固的装饰。

b. 在没有临时楼层的建筑物或结构上，或者当没有使用脚手架时，若潜在坠落距离超过 7.6m，应安装围护安全网。

c. 在钢结构组装期间，应在多层建筑和其他多层结构的所有临时木板或临时金属装饰地板周围安装 1.3m 高的安全栏杆。安全栏杆应拧紧，最大挠度为 7.5cm。

d. 在架设钢骨架时，应在 2 层或 9m（以较短者为准）的高度内，并在正在进行的任何工作的正下方，铺设坚固的木板。

e. 在收集和堆放临时地板板材时，负责此类工作的人员应使用个人防坠落设备进行保护。

2）楼板

a. 楼板应随着结构构件的安装进行安装，在楼板和最上层结构构件之间差不得超过 8 层或 36m（以两者较小者为准）。

b. 基础或最上层楼板上方未完成的螺栓或焊接高度不得超过 4 层或 15m（以两者较小者为准）。

（5）钢结构安装

1）连接

a. 当安装工作进行时，只有一个人会发出信号。这个人应该确保合作伙伴或其他正在工作的人能够清晰地看见信号。

b. 当构件两端安装时，在连接另一端之前，应将构件的一端螺栓固定。只需要去连接另一端。

c. 员工应跨坐在横梁上，而不是沿着顶部行走。每个员工都应配备并使用全身安全带和 2 条减振系绳或具有同等保护作用的物品。

d. 横梁两端应至少用 2 个螺栓连接。

e. 应使用标记线控制所有负载。

f. 任何时候都不允许人员搭乘保险球、钩子或负载。

2）螺栓安装、构件安装、钻孔、铰孔和管道安装

a. 在扩眼、钻孔、焊接、切割和驱动楔子、垫片或销时，除了安全眼镜外，还应提供其他适当的眼睛保护措施。

b. 应提供容器来储存或携带螺栓、漂移销和其他零部件，并应确保在高空时不发生意外掉落。

c. 在进行手动气动工具调整或修理之前，应断开电源，并释放软管管路中的压力。

d. 航空软管各部分应用安全绳、电线等绑在一起，除非使用快速断开接头连接各部分。

e. 位于道路上的空气软管应经过桥接或保护，以防止损坏。

f. 冲击扳手应配备锁紧装置，用于固定插座。当螺栓或漂移销被敲掉时，应提供一种方法来防止螺栓或漂移销下落。

g. 螺栓、螺母、垫圈和销子不得投掷。应将它们放入螺栓篮或其他经批准的容器中，并使用绳索升高或降低。

4.17 梯子 Ladders

4.17.1 范围 Scope

便携式梯子的安全使用和存放。

4.17.2 概述 Introduction

所有员工在使用梯子之前都应接受适当的培训，包括检查、选择和使用。

4.17.3 需求 Requirements

梯子应由一名专业人员每月检查一次。

（1）便携式梯子安全规则

1）便携式梯子可用于安全进入没有固定楼梯、梯子或坡道的高地；

2）有缺陷的梯子（损坏、裂开、缺少横档、缺少侧轨或存在其他缺陷）应立即移除；

3）便携式梯子应放置在坚实的基座上，梯子顶部和底部周围区域保持干净；

4）除非有围挡保护，梯子不得放置在通道、门口、车道或任何可能发生意外移动的地方；

5）所有便携式梯子应系好、封锁或固定，以防止移动；

6）在可能接触到电的地方不应使用金属梯子；

7）所有企业的梯子都应标有标识；

8）不使用时，所有梯子都要存放起来。

（2）伸缩梯子

1）便携式伸缩梯子放置时必须使水平投影不大于垂直投影的1/4；

2）伸缩梯子的侧轨必须高出平台0.9m，否则应提供栏杆；

3）双钩伸缩梯子的长度不得超过7.3m，单夹板伸缩梯子不应超过9m（基于顶部平台），如果需要更长的梯子，应使用两个或两个以上独立的梯子，并在两个梯子之间搭设一个平台，在平台外露的一侧应架设护栏和踏板。

（3）人字梯子

1）不得将木板放置在梯子最上面的台阶上；

2）任何人不得站在踏步梯的最上面两级台阶上工作；

3）不得用作户外梯子。

（4）现场制造的梯子

任何项目都不允许使用现场制造的梯子。

4.17.4 所需的表格 Required Forms

梯子检查表见表4-32。

梯子检查表 **表4-32**

工作：________ 日期：________ 颜色代码：________

梯子	大小	缺陷	满意度	检查员姓名	标记

续表

梯子	大小	缺陷	满意度	检查员姓名	标记

4.18 工艺车间/办公室/建筑检查 Shop/Office/Building Inspections

所需的表格 Required Forms

（1）工艺车间、办公室、建筑检查表见表 4-33。

（2）工艺车间安全检查清单见表 4-34。

工艺车间、办公室、建筑检查表　　表 4-33

位置 建筑: 楼:		第一季度检查 日期: 检查人:			第二季度检查 日期: 检查人:			第三季度检查 日期: 检查人:			第四季度检查 日期: 检查人:		
项	检查项目	正常	需要注意	不适用	正常	需要注意	不适用	正常	需要注意	不适用	正常	需要注意	不适用
1	家具安全摆放												
2	储物柜重量均匀分布												
3	橱柜和货架的稳定性和安全性（根据需要）												
4	桌子、椅子等没有碎片、锋利的边缘或其他问题												
5	柜子/书柜顶部的物品重量小或固定到位，且不损害洒水系统												
6	双向交通清理通道宽度（保持在最低限度 150cm）												
7	不要将物品留在通道中，防止绊倒												
8	地板保持干净，没有杂物												

续表

位置 建筑： 楼：		第一季度检查 日期： 检查人：			第二季度检查 日期： 检查人：			第三季度检查 日期： 检查人：			第四季度检查 日期： 检查人：		
项	检查项目	正常	需要注意	不适用	正常	需要注意	不适用	正常	需要注意	不适用	正常	需要注意	不适用
9	所有的电线都被固定，以防止绊倒												
10	地板、瓷砖和地毯状况良好，没有破洞、撕裂等												
11	针对湿滑的地板设置围挡或张贴标志，并采取措施防范												
12	保持消防警报器和电气面板畅通												
13	电风扇有防护罩或网格保护，并通过检测机构认证												
14	电线、电脑线和电话线不能放在散热器、壁式加热器上，也不能穿过门口或藏在地毯下												
15	便携式加热器配备翻转保护，并被检测机构列名												
16	电涌保护器是检测机构列出的，有一个内置的断路器，并正确使用												
17	插座状况良好												
18	走廊、楼梯和出口没有储存的材料和障碍物												
19	消防出口应正确标识并保持清洁												
20	咖啡壶放在防火材料上，远离可燃物												
21	纸张、衣物和其他可燃材料应存放于距离加热器至少 0.3m 的地方												
22	不允许可燃物积聚，楼梯下不得存放任何物品												
23	配备灭火器，标识醒目，易于使用，并有最新的检查标签（每月一次）												
24	自动喷水灭火系统的喷头没有被阻塞。 洒水系统头有 0.5m 的间隙												

续表

位置 建筑: 楼:		第一季度检查 日期: 检查人:			第二季度检查 日期: 检查人:			第三季度检查 日期: 检查人:			第四季度检查 日期: 检查人:		
项	检查项目	正常	需要注意	不适用	正常	需要注意	不适用	正常	需要注意	不适用	正常	需要注意	不适用
25	出口指示灯正常												
26	储存的食品是干净的，并与化学品和其他非食品物品分开												
27	厨房和用餐区设有垃圾箱												
28	用餐的区域保持清洁，没有食物/废物												
29	梯子和踏步凳应放在安全的地方												
30	切纸工应有足够的防护，若防护不到位会被撤职												
31	该区域符合人体工程学，光线充足												
32	血源性病原体试剂盒已到位，且未打开												
33	在适当的位置放置紧急疏散椅												
34	检查和/或更换收音机、手电筒和扩音器的电池。 电池应作为有害物质处理												
35	手电筒和扩音器的电池很坚固，不漏水。 适当大小的备用电池立即可用												
36	安全帽、标牌和其他必要的设备都在储物柜/手提袋的适当位置												
37	张贴健康与安全海报												
38	上一次检查的项目问题是否解决，若没有，请附最后一次检查单中未解决项目的状态												
附加评价		经理签字			经理签字			经理签字			经理签字		
		评价			评价			评价			评价		

工艺车间安全检查清单 表 4-34

检查员：__________

日期：__________ 检查区域：__________

项目	是	否	不适用
个人防护装备			
穿戴手套、安全帽、合适的鞋子和工作服（如适用）			
必要时对眼睛和脸进行保护			
需要时使用呼吸保护系统			
呼吸器应妥善储存和清洁			
适当地储存和使用防坠落防护装置			
防摔设备检查已完成			
零部件垫圈处有橡胶手套，并完好无损			
可提供听力保护			
消防			
按要求提供、标记和安装灭火器			
灭火器是可使用和已检查的			
易燃和可燃液体应保存在适当的安全罐中（如适用）			
易燃和可燃液体应存放在适当的柜子中			
易燃和可燃液体储存区域保持清洁和可使用			
储存的可燃性液体的数量保持在最低限度			
压缩气体钢瓶存放在指定的储存区域			
使用中的压缩气体钢瓶应妥善固定，防止损坏			
压缩气体设备、软管和仪表处于安全状态			
临时加热器位于远离可燃物			
油布等应放在适当的容器中处理			
气瓶存放区			
空气瓶与满气瓶分开，空钢瓶被标记或标注为空气瓶或满气瓶			
储存的钢瓶是封闭的，盖上盖子，并固定在一个直立的位置			
将储存气体的危险等级（如易燃或窒息性）或名称张贴			
气体按照其危险等级或名称进行存储			
所有储存区域都张贴禁止吸烟的标志			
储存区域干燥，通风良好，采用不可燃材料			
压缩气瓶要么与不相容或可燃材料相距至少 6m，要么通过至少 1.5m 高的屏障与不相容或可燃材料储存隔离，最低耐火等级为 0.5h			
提供实物保护（屏障）以防止车辆损坏			

续表

项目	是	否	不适用
气缸不受元素的影响，包括阳光直射			
梯子			
梯子存放得当			
梯子使用安全			
直梯角度正确，系好或固定			
梯子状况良好，季度检查已完成			
通用			
所需的作业规划文件可用、适用且适用于正在执行的车间制造活动			
工人遵循危险材料（如石棉或铅）工作的标准程序			
为工作提供适当和充足的照明			
延长线状况良好			
电动工具状况良好，包括电线、插头和防护装置			
故障指示灯状况良好			
出口有标记并保持畅通			
吊索和起重装置状况良好，检查日期是最新的			
起重机、千斤顶和捯链状况良好，安全装置正常工作			
机器防护装置就位并正常工作			
确保适当的张贴/路障到位			
家政			
电气面板未被堵塞			
零件垫圈盖已关闭			
人行道、走廊和工作区远离垃圾、碎屑、油和水			
存储区域保持清洁有序			
将多余和剩余材料的积累保持在最低限度			
评价			

第 5 章

工作安全分析

Job Safety Analysis（JSA）

5.1 乙炔切割和焊接 Acetylene Cutting and Welding（表 5-1）

乙炔切割和焊接安全作业程序　　表 5-1

工作内容：乙炔切割和焊接操作 责任部门： 日期：	项目： 监视人： 修订或评审日期：
工作步骤	安全作业程序
1. 使用乙炔焊接和切割设备的人员应经过培训并有资格使用乙炔焊接和切割设备	1. 不要使用焊接切割设备，除非已经或正在接受使用此类设备的培训
2. 对设备进行操作前检查。检查：钢瓶用链条或支架固定在右上位置，调整器和压力表状态良好，配件紧密，软管和软管连接良好且紧密，混合室连接软管，焊接头或切割附件在混合室上，配备回流装置	2. 在操作设备前，对设备进行目视和日常检查是用户的责任。纠正或向主管报告所有问题。不要操作不安全的设备
3. 拥有并佩戴正确的个人防护装备，如焊接护目镜、焊接手套，以及所有员工标准的个人防护装备	3. 焊接、切割时应穿戴适当的防护用品。不要穿暴露在火焰或热源下容易着火的衣服
4. 在打开乙炔和氧气瓶之前，检查将要焊接或切割的区域是否有易燃材料，清除该区域的任何此类材料或将其转移到另一个位置	4. 确保灭火器可用并处于工作状态。在没有得到上级安全工作许可的情况下，不要在有石油、汽油、柴油或其他易燃材料而可能引起火灾的地方焊接或切割
5. 在打开钢瓶上的阀门之前，应先将乙炔和氧气上的调压调节螺钉打开或拧松	5. 这将防止当钢瓶阀门打开时对调节器造成损害
6. 稍微打开乙炔瓶阀门，让压力进入调节阀，然后打开阀门 1/4~ 1/2 圈	6. 打开钢瓶阀门时，站在一边，远离量规面。将 T 形扳手放置在乙炔钢瓶上，以便在需要时快速关闭阀门
7. 稍微打开氧气瓶阀门，让压力进入调节阀，然后将阀门全开	7. 打开钢瓶阀门时，站在一边，远离量规面。切勿用锤子敲击钢瓶阀门
8. 打开氧气侧的混合室阀门，将氧气调节器上的压力调节螺钉转到所需压力位置。 注：有切割装置，打开两个氧气阀，将压力设定好后，关闭混合室氧气阀	8. 避免使用高于制造商建议的压力。切勿在任何连接处或螺纹上使用润滑脂或油。油或油脂与氧气结合会引起剧烈的爆炸
9. 关闭乙炔侧的混合室阀门，将乙炔调节器上的压力调节螺钉转到所需压力。打开混合室乙炔阀门和吹扫软管，点燃火焰，将调节阀调整到正确的压力，关闭吹管阀门	9. 切勿在任何火源附近的空气中释放乙炔。确保有足够的通风。使用摩擦打火机点燃火炬。不要使用火柴或打火机
10. 检查所有连接是否有泄漏	10. 使用经批准的泄漏检测溶液或普通肥皂水来检测泄漏
11. 在所有检查和测试完成并发现满意后，重新点燃火炬，调整火焰并开始切割或焊接	11. 戴焊接护目镜和焊接手套。切割时要小心，防止焊渣伤及自己或他人

续表

工作步骤	安全作业程序
12. 当设备无人看管时，关闭钢瓶阀门。 在工作日结束时释放调节器上的压力	12. 避免气体意外释放
13. 更换空钢瓶。 乙炔配件有左手螺纹，氧气配件有右手螺纹	13. 在松开调整器连接件之前，请确认钢瓶阀门已关闭，调整器和软管的所有压力都已释放。 左手螺纹用于乙炔，右手螺纹用于氧气。 更换钢瓶时要小心不要掉下调节阀
14. 更换空瓶上的瓶盖，拆下安全链或支架，将空瓶换成满瓶	14. 在处理、移动或储存气瓶时，气瓶盖必须放在气瓶上
15. 更换安全链或支架。 从满油缸上拆卸瓶盖	15. 钢瓶必须固定，以防止它们被撞倒。 瓶盖必须保持在原处，直到钢瓶被固定
16. 将调整器连接到钢瓶上，拧紧连接件。 重复步骤6~ 13	16. 切勿在连接处或调节器调节螺钉上使用油脂或油。切勿用沾油的手或手套处理这些部件
17. 检查钢瓶上的标签或标记以确定其内容物	17. 如果圆筒没有明确标记，请勿使用。 将其退回供应商
18. 千万不要放下乙炔气瓶	18. 乙炔在 103kPa 以上变得不稳定，如果它的压力超过 207kPa 就会爆炸或燃烧。 它以液态丙酮或二甲基甲酰胺的形式运输，分散在钢瓶内的多孔物质中。 使用时请注意不要与乙炔一起提取溶剂
19. 从钢瓶中取出乙炔时，一定要使用减压调节器	19. 不要允许游离气体超过 103kPa。 气体乙炔在压力超过 207kPa 时将在空气中自燃
20. 钢瓶不应暴露在突然的冲击或热源下	20. 保护钢瓶免受物理损伤。 储存在阴凉、干燥、通风良好的不可燃建筑区域
21. 与金属打交道时要特别注意，因为金属会散发出烟雾。 有些金属会散发出有毒的气体	21. 确保通风良好。 在某些情况下，可能需要航空式呼吸器或自给式呼吸器
22. 在任何需要在富氧或缺乏氧的环境，存在有毒、腐蚀性、易燃、热、加压或其他有害物质的区域，或在任何密闭空间工作时，都要获得安全工作许可证	22. 在进行有潜在危险的工作之前，必须有安全工作许可证
23. 读取材料安全数据表中的氧气、乙炔、金属和焊条的信息数据	23. 材料安全数据表可供审查

本人已阅读并理解上述安全作业程序。

签字：________________ 填写日期：________________

签字：________________ 审核日期：________________

签字：________________ 审核日期：________________

签字：________________ 审核日期：________________

5.2 电弧焊 Arc Welding（表 5-2）

电弧焊安全作业程序　　表 5-2

工作内容：电弧焊操作 责任部门： 日期：	项目： 监视人： 修订或评审日期：
工作步骤	安全作业程序
1. 使用弧焊机（电动或发动机驱动）的人员应经过培训，并取得使用弧焊机的资格	1. 不要使用焊接切割设备，除非已经或正在接受使用此类设备的培训
2. 对设备进行操作前检查。检查：焊接引线、电极夹、接地夹尺寸和状态是否合适，面板和安全防护装置是否到位，电焊机是否正确接地。发动机动力焊工检查：机油、燃油、冷却系统和仪表以及上述项目	2. 操作设备前，对设备进行目视检查和设备检查是用户的责任。纠正或向主管报告所有问题。不要操作不安全的设备
3. 禁止操作设备上有“红色标签”或锁定/标记的设备。如有疑问，请与主管联系	3. 了解锁定标签退出程序。不要启动任何被锁定或被标记的设备。 联系工作主管并咨询进行锁定的工作人员
4. 拥有并穿戴适当的个人防护装备，即焊接罩、焊接手套、焊接护套、袖子和听力保护装置。某些场合可能需要防护口罩，以及所有员工的标准个人防护装备	4. 焊接、切割时应穿戴适当的防护用品。不要穿暴露在火焰或热源下容易着火的衣服
5. 在开始焊接项目之前，检查将要焊接的区域是否有易燃材料，清除该区域的任何此类材料或将其转移到另一个位置	5. 确保灭火器可用并处于工作状态。不要在有石油、汽油、柴油或其他易燃材料的地方焊接切割矿石。如果有必要在有易燃材料的区域进行焊接，必须从主管那里获得安全作业许可证
6. 准备好工作和工作区域。准备好工作所需的工具和设备，即个人防护装备、磨床、削片锤、焊条等	6. 将焊接引线、延长线等工具放置在走道外，防止自己和该区域的其他人员摔倒。架设焊接屏，防止其他人员受到电弧闪烁和火花的伤害
7. 启动并预热焊机	7. 在发动机工作的情况下，焊工要确保所有仪表在适当的工作范围内

续表

工作步骤	安全作业程序
8. 将接地导线放在要焊接的材料上，或者如果工作被接地到金属桌子或建筑物上，接地引线可以放在金属桌面或结构上	8. 焊接电流应沿单根电缆返回到焊机。避免将接地引线放置在电流会通过轴承、链条、钢丝绳等传播的地方
9. 确认电极夹完好无损。绝对不要让电极夹的带电金属部件接触裸露的皮肤或湿衣服	9. 穿戴正确的个人防护装备，只使用状态良好的设备，以防止触电。保持衣物干燥，只在干燥的地方焊接。不要在身体的某些部位绕圈焊接引线
10. 焊接或切割时一定要戴上焊接罩	10. 避免无保护的电弧光照射眼睛。焊接罩应保护眼睛、面部、颈部和耳朵免受电弧光，应该适配安全眼镜和安全帽的类型。一定要使用合适的镜片遮光罩。查看产品说明书
11. 在完成所有的操作前检查和工作区域准备后，启动或打开焊机并进行焊接工作	11. 穿戴合适的个人防护装备。切割、焊接时要小心，防止热渣伤及自己或他人
12. 焊接和切割金属时要特别注意，因为金属会散发出烟雾。有些金属会散发出有毒的气体	12. 确保通风良好。在某些情况下，可能需要航空式呼吸器或自给式呼吸器
13. 在任何需要在富氧或缺乏氧的环境，存在有毒、腐蚀性、易燃、热、加压或其他有害物质的区域，或在任何密闭空间工作时，都要获得安全工作许可证	13. 在进行有潜在危险的工作之前，必须有安全工作许可证
14. 阅读材料安全数据表中的金属和焊条的数据信息	14. 材料安全数据表可供查阅
15. 当工作完成或暂停相当长一段时间时，关闭焊机并拾起引线、工具等	15. 直到区域被清理干净，任务才算完成。焊条应从支架上拆下，引线应包扎好，工具和个人防护用品应拾起并收好，所有焊条存根应拾起并妥善处理

本人已阅读并理解上述安全作业程序。

签字：________________填写日期：________________

签字：________________审核日期：________________

签字：________________审核日期：________________

签字：________________审核日期：________________

5.3 链锯 Chain Saw（表 5-3）

链锯安全作业程序　　表 5-3

工作内容：链锯操作 责任部门： 日期：	项目： 监视人： 修订或评审日期：
工作步骤	安全作业程序
1. 链锯操作人员要求。接受链锯操作任务培训；必须有主管的资格；只有训练有素、有能力的员工才能操作链锯	1. 操作人员在使用链锯之前必须经过良好的培训并取得资格
2. 操作人员必须穿适当的防护服	2. 安全帽、护目镜、钢头鞋、防滑手套。服装必须是坚固和舒适的，允许完全自由的行动。不要穿戴宽松合身的夹克、围巾、珠宝、喇叭裤或袖口裤，或任何可能被锯子或刷子缠住的东西
3. 用手搬运链锯	3. 当用手搬运链锯时，必须停止发动机，锯必须在适当的位置。在发动机运转时携带链锯是极其危险的。握紧前把手，将消声器放置在远离身体的位置，导杆指向后方
4. 用车辆运输链锯	4. 车辆运输时，应将链条和铁棒置于保护罩或链锯箱内。妥善固定锯子，防止翻转，造成燃料溢出或锯子损坏
5. 加油。在通风良好的地方给链锯加油	5. 关闭引擎，让它冷却后再加油。慢慢松开燃料箱盖，减轻燃料箱压力。选择裸露的地面加油，并在启动发动机前，至少离开加油点 3m。启动锯子前，擦拭掉溢出的燃料，检查是否有泄漏
6. 启动链锯	6. 链锯是单人锯。不允许其他人靠近正在运行的链锯。启动和操作链锯时，请不要借助外力。如果锯子配备了链式制动器，启动时要接合该制动器。当发动机启动油门锁啮合时，发动机速度将足以使离合器啮合并转动链条。如果锯条接触任何物体，就可能导致反冲发生。当导条处于切割位置时，不要试图启动锯子。当你拉动启动手柄时，不要把启动绳缠手上。不要让握把回弹，而是引导启动绳慢慢回弹，让绳子正确地倒转。不按这个步骤操作可能会导致手或手指受伤

续表

工作步骤	安全作业程序
7. 作业条件	7. 只能在户外通风的地方操作链锯，只能在能见度良好的环境下操作。 不要单独工作，与他人保持呼叫距离，以便获得帮助。 在潮湿和寒冷的天气里要格外小心。 清理工作的区域。 躲避障碍物，如树桩、树根或岩石，并注意洞或沟渠。 在斜坡或不平的地面上作业时要格外小心
8. 准备切割	8. 发动机运转时，双手一定要牢牢握住锯子。 将左手放在前把手上，右手放在后把手上，并控制油门。 左撇子操作人员必须执行相同的程序。 用手指紧紧握住把手，将把手夹在拇指和食指之间。 当你的手处于这个位置时，你可以在不失去控制的情况下，最大限度地对抗链锯的推/拉和反击力。 确保你的链锯手柄处于良好状态，没有水分、沥青、油或油脂。 不要单手使用锯子，不要在启动节流阀锁啮合时操作链锯。 在启动节流阀锁的情况下进行切割，操作人员无法正确控制锯速或链速。 发动机运转时，即使链条没有旋转，也不要用手或身体的任何部位接触链条。 链锯只用于切割，不是用来撬开或铲走树枝、树根或其他物体的
9. 通用说明	9. 使用链锯时，确保不接触任何外来物质，如石头、栅栏、钉子等。 这些物体可能会被抛掉或使锯子反弹。 为了保持对锯子的控制，要始终保持立足点稳固，切勿在高于肩膀的高度使用锯子。 当发动机运转时，放置链锯时要使身体远离切割附件。 切锯时要站在切割点的左边。 到达切口末端时，不要用力按压锯子。 压力过大可能会导致锯杆和旋转链条跳出切割口，失去控制而打击到操作人员。 如果你对插入式切割技术没有经验，不要尝试插入式切割。 正确保养链锯
10. 回弹	10. 链锯上部 1/4 处尖端接触固体物或被挤压时，就会发生回弹。 防止回弹造成伤害的最好办法是避免回弹的情况。 为了避免这些情况，你应该时刻注意参考指示杆的位置。 千万不要让参考指示杆的尖端接触任何异物。 不要用参考指示杆前段切树枝。 切割小树枝或树苗时要特别小心，因为它们很容易夹住铁链
11. 推回	11. 当杆顶上的链条被夹住、卡住或遇到木材中的异物时，就会发生反推。 杆顶用于切割时经常发生反推，对可能导致材料夹住链条顶部的力量或情况要保持警惕。 在将锯条从底部切割中撤出时，不要扭转锯条

续表

工作步骤	安全作业程序
12. 拉扯	12. 当锯条底部的链条突然停止时，就会发生拉扯。 当锯子的保险杠钉没有牢牢地顶住树木或树枝，以及当链条在接触木材之前没有全速旋转时，经常会发生拉入现象。 使用楔子来打开切口也可以防止拉入
13. 切割	13. 当切割处于具有张力状态的树枝时，要警惕弹回，这样当木材纤维的张力释放时，操作者不会被击中。 保持手柄清洁，不沾油或燃料混合物。 在通风良好的地方操作链锯。 除非经过专门培训，否则不要在树上操作电锯。 运输链锯时，请使用导杆鞘或链锯盒
14. 综述	14. 不要在疲劳时操作锯子。 穿戴适当的安全装备，如贴身衣物、硬脚趾鞋、防护手套、安全帽和听力保护装置。 操作燃料时要小心。 启动发动机前，将链锯移离加油点至少 3m。 启动或切割时，不允许其他人靠近链锯。 在确定明确的工作区域（包括安全的立足点和计划好的出口路线）之前，不要开始切割。 当锯子运行时，保持身体的所有部位远离锯子 启动发动机前，确保链条没有接触任何东西。 携带锯子时要使发动机停止运行，导杆和链条要放在后方，消音器要远离身体。 请勿操作损坏或调整不当的锯子。 确保当油门控制触发器松开时，锯子停止移动。 在放下锯子之前关闭发动机。 在切割小刷子和树苗时要格外小心，因为细长的材料可能会卡住锯子，然后回弹到人身上，或者把人拉得失去平衡

本人已阅读并理解上述安全作业程序。

签字：____________________填写日期：____________________

签字：____________________审核日期：____________________

签字：____________________审核日期：____________________

签字：____________________审核日期：____________________

5.4 推土机 Dozer（表 5-4）

推土机安全作业程序　　表 5-4

工作内容：推土机操作 责任部门： 日期：	项目： 监视人： 修订或评审日期：
工作步骤	安全作业程序
1. 一般推土机操作	1. 了解并观察每班的交通模式。 时刻保持机器处于控制之下。 注意任何在“切割”或“填充”区域工作的人员。 保持切割平整，避免切入高墙或山坡。 注意任何大块、巨石和/或任何其他类型的凸出物。 在继续工作之前，要排除任何不安全的因素。 在斜坡、小山或高河岸作业时，一定要尽量垂直于斜坡进行作业。 如果“大量移动材料”，一个很好的经验法则是，保持槽的深度不超过推土铲高度的 3/4（大约 1. 2m）。 在冻土上工作时要格外小心。 当地面结冰、积雪和/或冰雪覆盖时，斜坡可能会变滑，不要倾斜或侧身行走
2. 一般挖掘操作	2. 挖沟的时候需要熟悉土类型。 确定挖掘位置，使工具栏刚刚高于地面上，而不是通过挖掘材料拖拽“挖掘”的材料。 将推土机铲刃搬运到离地面约 0. 3m 的地方，以保护推土机底部不受任何大型物体的影响，并使前方区域有更好的视野。 注意该区域任何在地面工作的人员［辐射技术员和/或质量控制（QC）技术员］。 在倒车前一定要看看身后
3. 一般推土车操作	3. 与推土铲接触时，切勿撞击推土铲；尽量平稳地抬起推土铲。 装载材料时要注意材料类型。 如果在岩石材料中工作，要对推土铲的突然停止或侧移做好准备。 保持推土铲操作员在视线范围内。 如遇紧急情况（在装载铲运机时，有人或物在推土机装载时正处于推土机运行的直线上）。 尽量保持“切口”平滑均匀。 在倒车前一定要看看身后

本人已阅读并理解上述安全作业程序。

签字：＿＿＿＿＿＿＿＿填写日期：＿＿＿＿＿＿＿＿

签字：＿＿＿＿＿＿＿＿审核日期：＿＿＿＿＿＿＿＿

签字：＿＿＿＿＿＿＿＿审核日期：＿＿＿＿＿＿＿＿

签字：＿＿＿＿＿＿＿＿审核日期：＿＿＿＿＿＿＿＿

5.5 重型设备 Heavy Equipment（表 5-5）

重型设备安全作业程序　　　　表 5-5

工作内容：重型设备操作培训 责任部门： 日期：	项目： 监视人： 修订或评审日期：
工作步骤	**安全作业程序**
1. 工作要求。操作人员必须通过体检。操作人员必须经过主管和/或培训师的全面培训并取得资格	1. 操作人员必须具有操作设备的身体能力。操作人员在操作任何设备前必须经过良好的培训并取得资格
2. 了解并遵守企业所有的安全规章制度。了解与所操作设备相关的安全作业程序	2. 用常识来保持最安全的工作条件
3. 工作时穿戴适当的个人防护装备	3. 操作设备时，必须始终穿戴最低等级的个人防护装备。此外，必须穿显眼的服装。操作一些重型设备时需要保护听力。在安装和操作任何设备之前，请卸下任何宽松的个人防护装备。管理部门可能会根据具体情况修改个人防护装备的要求
4. 操作前对设备进行巡视/安全检查。检查并正确填写《操作人员日常设备检查报告》。要强调的是，这种检查是确保设备正确、安全运行的第一步，在大多数情况下也是最有效的方法	4. 操作员作一个可视化的责任检查，并填写《操作人员日常设备检查报告》。在搬运设备前，需要进行巡视检查。在当班期间，因任何原因离开机器时，必须进行检查。检查设备是否正确停放，即车轮是否锁紧，所有部件如铲斗、刀片等都被降低到地面，以执行零能耗概念。在走动时，避免滑倒或绊倒危险。立即向主管报告任何缺陷、问题、安全隐患或其他需要注意的问题。不要操作不安全的设备
5. 启动发电机	5. 根据制造商推荐的程序启动发电机。留出充足的时间让发动机在怠速阶段预热。观察所有仪表，确保所有仪表都在正常工作的可接受范围内。将发动机转速提升至运行速度
6. 检查驾驶室内的日常事务	6. 把所有杂物从驾驶室地板上捡起来，放在合适的容器里。紧固所有松动的物品，避免在驾驶室内物体滚动或飞行。确保车窗清洁，以确保具有适当的可见度
7. 启动发动机，观察所有仪表和警示灯是否正常工作	7. 设备启动时必须以避免意外移动的方式进行。移动设备前，所有仪表必须在适当的工作范围内
8. 系好安全带	8. 在操作拥有或租赁的任何车辆或设备时，必须系上安全带

续表

工作步骤	安全作业程序
9. 检查液压操纵杆，确保液压系统工作正常	9. 检查软管和钢瓶是否泄漏，尤其是在升降刀片、铲斗、“罐”、开沟器等时。注意“出血”的迹象，特别是当一个部件处于凸起位置时。如果液压控制故障达到导致不安全操作的程度，请不要操作。任何问题都要向主管报告
10. 经过适当的预热期后，按喇叭并将设备放入挡位（前进和倒车），检查变速器和刹车是否正常运行。当重型设备倒车时，听倒车警报	10. 记得按喇叭，提醒该设备即将被移动。从高压线后退时要特别小心，或者机器停在拥挤区域时也要特别小心。在倒车前一定要先看看你的机器后面。如果你用镜子倒车，你必须清楚所有的镜子。移动前要按喇叭。如果备用警报不工作，请勿操作任何设备。任何问题都要向主管报告
11. 前往工作地点，在进入工作区域前检查	11. 观察交通模式，运用常识，随时保持工作环境安全。遵守所有的交通和警告标志，并遵循任务中给出的所有具体指示。在该区域工作之前，检查该区域是否有任何危险情况（例如，架空或地下电力线路、地下管道、不稳定的地面、坍塌的高墙）。记住，在这些条件下进行工作之前，需要有安全工作许可证。任何问题都要向主管报告
12. 停车设备	12. 每当停车时，通过将变速器置于空挡并锁定到位获得“零能量”，设置刹车，将所有部件（叶片、铲斗、“罐”、开沟器）降至地面，在适当冷却后关闭发动机，并关闭点火开关。在重新安装任何一个设备之前，都需要进行全面的巡视检查
13. 完成操作员日常设备检查	13. 列出所有缺陷、问题、安全隐患或需要注意的事项。立即向主管报告上面提到的任何缺陷。不要操作不安全或损坏的设备
14. 使用提供的梯子、台阶和扶手卸下设备	14. 拆卸设备时的注意事项与安装时相同。在走到地面的最后一步时，要注意岩石、不平的地面、沟渠或其他任何不规则的地方，这些地方可能会导致扭伤或骨折。下车时不要跳到地面上
15. 操作人员可能需要协助维修和调整设备	15. 设备的移动或操作方式不得危及操作人员或附近任何其他工人
为了进一步实施“零能耗”概念，任何时候只要有一件设备停在安全区域之外，点火开关上的点火钥匙就要取下	

本人已阅读并理解上述安全作业程序。

签字：____________ 填写日期：____________

签字：____________ 审核日期：____________

签字：____________ 审核日期：____________

签字：____________ 审核日期：____________

5.6 机械师 Mechanic（表 5-6）

机械师安全作业程序　　　表 5-6

工作内容：机械师岗位培训 责任部门： 日期：	项目： 监视人： 修订或评审日期：
工作步骤	安全作业程序
1. 要求机械师穿戴个人防护装备。 必须知道正确的落锁与标签程序	1. 机械师负责所有重型设备和轻型企业车辆的机械维修、一般维护和部件更换。 机械师必须穿戴必要的安全装备，以确保安全地进行所有工作。 必须佩戴护目镜、手套和焊接头盔进行所有焊接或切割工作。 防止衣物意外起火。 避免穿着宽松、褴褛或沾满油脂的衣服。 在噪声过大的地方使用耳罩。 在某些情况下，可能会暂停使用个人防护装备，例如在焊接时脱下反光背心
2. 机械师必须遵守企业安全规章制度。 了解并遵守所有企业政策，遵守所有限速规定	2. 在开始维修或维护任何设备之前，要了解安全作业程序。 在进入施工区域之前了解所有的交通模式。 确保操作人员知道机械师的存在，知道机械师将在哪里工作，在什么设备上工作。 在所有工作区域必须穿具有高可见度的服装
3. 零功率保证	3. 在开始任何修理前为设备断电达到零能量状态。 锁定，在车轴下放置地板支架，拆卸点火钥匙，落锁贴标签警告，所有工具都降低到零能量释放状态
4. 员工有责任保持工作区域的清洁，保持整洁工作环境	4. 将工作区域内及周围的杂物清理干净。 如果使用软管，请整理它们，这样在同一区域工作的人就不会被它们绊倒。 工作完成后，把它们放回原位
5. 经常检查有缺陷或损坏的工具是否存放在适当的地方	5. 丢弃任何有缺陷的工具。 切勿使用任何刀柄裂开或损坏的工具。 注意电动工具上的电线是否已损坏。 避免触电或可能发生的火灾
6. 设备维护	6. 在设备运行时，尽量不要给设备加油，以及清洁或修理设备
7. 不要让油或油脂与氧气接触。 操作氧气乙炔设备时，应穿皮围裙或清洗工作服上的油脂	7. 氧气和油或油脂会点燃炸药。 任何时候使用氧气乙炔设备时，都要保持双手和手套上不存在油或油脂。 不要在阀门连接处使用润滑剂
8. 排放液压软管、管道、机器或任何处于压力下的设备上的管路中的所有空气和水，直到工作完成。 使用前检查软管	8. 检查所有软管、连接件和阀门是否有溢出、松动或磨损的地方。 如果发现缺陷，在使用前更换或修理
9. 了解在任何特定工作中使用的材料或化学品。 阅读办公室使用的材料安全数据表中的必要信息	9. 如果你对任何新材料或化学品的安全使用有疑问，你有责任从你的主管那里拿到材料安全数据表手册。 在使用前阅读所有必要的信息，以及列出的安全注意事项

本人已阅读并理解上述安全作业程序。

签字：____________________填写日期：____________________

签字：____________________审核日期：____________________

签字：____________________审核日期：____________________

签字：____________________审核日期：____________________

5.7 自行式平地机 Motor Grader（表 5-7）

自行式平地机安全作业程序　　表 5-7

工作内容：自行式平地机操作 责任部门： 日期：	项目： 监视人： 修订或评审日期：
工作步骤	安全作业程序
1. 一般维护人员操作	1. 了解并观察每班的交通模式。 时刻保持机器处于控制之中。 以规定的速度或适合现有条件的速度操作平地机，不要滑行。 在拥挤地区作业时，要注意地面上工作的其他设备和人员。 倒车时注意向后观察
2. 检查气压和断气	2. 在空气压力达到适当的工作范围后，检查刹车以确保它们正在工作。 压下刹车踏板，观察气压表是否有异常的压力下降
3. 尽量避免转动驱动轮或驱动轮打滑。 需要时使用强力锁	3. 旋转驱动轮或驱动轮打滑可能会导致设备损坏，导致产生高昂的停机和维修费用
4. 在光滑或结冰的表面操作时要小心	4. 可能需要戴上防滑链。 请咨询你的主管
5. 在斜坡或山丘上操作	5. 当在斜坡或山坡上工作时，保持刮板尽可能靠近地面。 上下斜坡时，尽量沿着山坡的脊线，而不是倾斜或侧倒
6. 转弯	6. 转弯前减速。 转弯时不要太急。 记住，刮板的转弯半径不会太大。 转动机器时要特别小心

本人已阅读并理解上述安全作业程序。

签字：____________________填写日期：____________________

签字：____________________审核日期：____________________

签字：____________________审核日期：____________________

签字：____________________审核日期：____________________

5.8 注油器 Oiler（表 5-8）

注油器安全作业程序　　表 5-8

工作内容：注油器操作 责任部门： 日期：	项目： 监视人： 修订或评审日期：
工作步骤	**安全作业程序**
1. 油工岗位要求。必须精通以下内容： 重型设备； 服务车； 使用普通手动工具的知识； 所有重型设备和轻型车辆的维修和润滑	1. 加油工的工作要求：给发动机、变速器和液压装置更换机油和过滤器；润滑所有润滑脂配件并检查齿轮箱；轻机械工作，重设备加油和蒸汽清洗；轻型车辆的维修和清洗
2. 了解企业安全法规和安全作业程序	2. 阅读工作程序。在各种场合运用常识和技能。遵守所有限速规定。在限制区域的最高速度限制是 3.2km/h
3. 企业规定上班时要穿戴适当的个人防护装备	3. 要求佩戴安全眼镜、安全鞋和安全帽。在所有噪声过大的区域都必须佩戴听力保护装置。避免穿宽松、粗糙或油腻的衣服。如果工作需要，请戴手套
4. 保持工作或服务区域和服务卡车的清洁和有序	4. 内务管理必须优秀，避免油布在服务车里堆积，每次作业完成后应清除垃圾。员工有责任保证工作区域的清洁安全
5. 填写设备日常安全检查表	5. 做好设备日常安全检查。维修车必须配备一个处于良好工作状态的灭火器
6. 使用前检查工具，保持工具完好	6. 使用油腻、肮脏的工具可能会导致打滑受伤。避免使用分叉手柄或用钝了的工具。任何有缺陷的工具都应丢弃。使用合适的工具
7. 上下设备时使用扶手和台阶	7. 不要从设备上跳下来。使用为此目的提供的扶手和台阶，以避免扭伤脚踝或受到其他伤害
8. 遵守禁烟政策	8. 一些项目除指定区域外，禁止在现场吸烟。加油时，要防止气体和/或可燃物积聚产生可能引起火灾或爆炸的火花。服务车内、周围或加油作业区域附近禁止吸烟

续表

工作步骤	安全作业程序
9. 加油和维修设备	9. 当给任何设备加油时，必须采取预防措施，以避免任何燃料或石油泄漏。 一旦发生溢油，应立即清理，并以适当的方式处理。 了解可报告的数量规定，并相应报告，柴油发动机可能在维修期间保持运转
10. 使用经批准且贴有适当标签的容器处理易燃液体	10. 易燃液体将仅装在经批准且贴有适当标签的容器中，并储存在经批准的易燃材料柜中。 大量散装材料将储存在特殊设计的区域，例如燃料储存单元
11. 蒸汽清洁重型设备或使用压缩空气	11. 检查所有连接以确保它们都紧固且联轴器状况良好。 未经主管明确许可，请勿使用压缩空气或蒸汽拔下任何储罐出口或管路的插头。 不要用空气压缩机掸掉衣服上的灰尘。 小心易燃的燃料。 使它们远离压缩空气进气口。 在更换软管之前先进行泄压。 确保首先在源头处关闭空气阀门

本人已阅读并理解上述安全作业程序。

签字：__________________填写日期：__________________

签字：__________________审核日期：__________________

签字：__________________审核日期：__________________

签字：__________________审核日期：__________________

5.9 铲土机 Scraper（表 5-9）

铲土机安全作业程序　　表 5-9

工作内容：铲土机操作 责任部门： 日期：	项目： 监视人： 修订或评审日期：
工作步骤	**安全作业程序**
1. 遵循每天由主管设定的交通模式。 只有在主管批准的情况下才能更改	1. 不要打破既定的交通模式。 遵守道路标志和/或持旗人的指示
2. 检查	2. 上岗前要仔细检查轮胎。 拖拉机爆胎是很危险的

续表

工作步骤	安全作业程序
3. 在低速时使用发动机动力、低挡位和变速器减速装置。除非必要，不要使用车轮刹车	3. 操作任何设备时，请注意降级。 发动机驱动供应液压系统的泵。 为了实现全液压和转向，必须保持发动机转速接近最大值
4. 在急转弯时，不要紧紧地切入弯道；要考虑到铲土机的长度，以免将后轮拉出路面	4. 转弯时打摆，防止后轮离开路面。 在其他设备或人员周围操作时要谨慎
5. 装载	5. 当使用装载桨叶式铲土机时，要调整速度和切割深度，以便顺利装载而不使牵引车熄火。 不要让提升链拍击车身。 当装载敞开式铲土机时，靠近推土机的一侧，通过推土机的位置来指示。 释放缓冲铰链，稍微打开围板，将装载罐位置降低，以便顺利放置在推土铲上。 装载时不要旋转轮胎。 下坡装载更有效率。 尽量保持切割区的平稳。 当回到原来的位置时，可能需要把车尾拖出来
6. 运输	6. 运输时尽量把装载罐放低。 确保铲土机围挡关闭了。 铲土机在右侧有一个固有的“盲点”。 只要有可能，总是尽量往左边工作。 其他操作员和地面人员也需要认识到这个问题。 在下山时，不要让负载的重量使引擎超速。 铲土机必须上挡，以防止发动机损坏。 大多数铲土机没有超速保护。 如果铲土机试图从路堤上滑下来，不要试图返回山上。 相反，下山时要尽量笔直。 在铲土机车头快要触底时，迅速将方向盘转向侧面，防止铲土机车头撞向地面
7. 倾销	7. 在桨轮式铲土机中，可以在打开围裙倾倒时将升降机链倒转。 在开放碗式铲土机中，将装载罐抬高到想要的高度，然后与工作人员一起将物料推出去
8. 停止	8. 当你关掉引擎的时候，一定要把变速器调到 8 挡。 这将有助于下一次启动，特别是在寒冷的天气

本人已阅读并理解上述安全作业程序。

签字：____________________填写日期：____________________

签字：____________________审核日期：____________________

签字：____________________审核日期：____________________

签字：____________________审核日期：____________________

5.10 水车 Water Wagon（表 5-10）

水车操作安全作业程序　　表 5-10

工作内容：水车操作 责任部门： 日期：	项目： 监视人： 修订或评审日期：
工作步骤	安全作业程序
1. 遵循每天由主管设定的交通模式，只有在主管批准的情况下才能更改	1. 不要打破既定的交通模式。遵守道路标志或持旗人的指示。携带装载罐的位置尽量低，以防在紧急情况下需要“冲出”
2. 尽可能避免驱动轮旋转或打滑	2. 驱动轮旋转或打滑可能会导致设备损坏，产生高昂的停机和维修费用
3. 在低速时使用发动机动力、低挡位和变速器减速装置。除非必要，不要使用车轮刹车	3. 操作任何设备时，请注意降级。发动机驱动供应液压系统的泵。为了实现全液压和转向，必须保持发动机转速接近最大值
4. 在急转弯时，不要紧紧地切入弯道；要考虑到水车的长度，以免将后轮拉出路面	4. 转弯时打摆，防止后轮离开路面。在其他设备或人员周围操作时要谨慎
5. 对道路和运输工具洒水	5. 操作员必须对道路和运输通道进行洒水，以控制散逸性粉尘，并遵循尽可能低的概念。不要因为浇水过多而给设备和道路交通造成不安全的路况。观察后视镜，使用控制阀门进行浇水。操作员不能继续向没有产生粉尘且仍有水分的道路或区域施水
6. 在下坡路和拐角处用水	6. 操作员要对下坡和拐角处进行定点浇水。通过开启和关闭喷雾器进行浇水，每个浇水点之间至少要有 6m 的间隔。在下一个周期，使用相同的程序，但对未干的区域进行定点浇水，不对上一个周期浇水的区域进行浇水。观察道路状况，确保不过度浇水或造成不安全的路况

本人已阅读并理解上述安全作业程序。

签字：________________ 填写日期：________________

签字：________________ 审核日期：________________

签字：________________ 审核日期：________________

签字：________________ 审核日期：________________

5.11 办公室人员 Office Personnel（表 5-11）

办公室人员安全作业程序　　表 5-11

工作内容：办公室人员安全培训 责任部门： 日期：	项目： 监视人： 修订或评审日期：
工作步骤	安全作业程序
1. 熟悉办公区域。 了解以下内容： 所有出口； 每个灭火器位置； 急救箱位置； 紧急灾难计划； 材料安全数据表文件。 员工必须被告知与他们的职业相关的所有危险物质	1. 安全预防措施在办公室和在工厂的所有部分同等重要。 当面对不熟悉的情况时，常识是适用的。 如果不确定如何处理某种情况，应问主管。 知道在紧急情况下要执行什么程序。 定期审查与所分配任务相关的现场紧急灾难计划和材料安全数据表
2. 当不使用时，所有文件柜的抽屉应关闭。 使用把手来关闭抽屉，而不是抓着抽屉侧面或猛烈撞击	2. 办公桌或文件柜上的抽屉没有关好，可能会造成严重伤害。 文件柜上太多的抽屉同时打开会导致文件柜翻倒，打开的抽屉也有绊倒人的危险。 关闭抽屉时要避免被夹
3. 良好的管理对安全至关重要。 所有东西摆放整齐有序	3. 不要把铅笔或其他杂物放在地板上。 捡起地上任何可能让人绊倒或摔倒的东西。 一旦溅出，就把它擦干净
4. 办公室里不允许耍闹	4. 除了严重违反办公室的基本安全规则外，恶作剧或耍闹也可能是危险的
5. 如果要移动物体，推物体要比拉物体容易。 使用正确的搬运技巧。 举起重物时，使用腿部肌肉，而不是背部	5. 当你在地板上移动重物时，不要让身体处于一个危险的位置。 当搬运重物或笨重的东西时，尽量保持背部垂直。 寻求帮助，避免举起或移动太重的物品。 打电话给受过培训和有适当设备的员工来处理这类工作
6. 注意执行的所有任务中存在的危险。 使用剪刀时，先传刀柄。 不要在口袋里携带剪刀，除非剪刀的末端是圆的。 用完后将它们存放在安全的地方	6. 避免严重的割伤或刺伤。 使用尖锐物品时要小心，不要伤到自己或身边的工作人员。 将剪刀放置在与桌子边缘保持安全距离的地方，以免剪刀被意外碰掉
7. 当把纸张装订在一起时，只使用订书钉或回形针	7. 为了避免有人不小心被卡住，不要用别针把纸装订在一起

续表

工作步骤	安全作业程序
8. 始终注意走路的地方，穿合适的鞋	8. 在楼梯上或在死角时要小心脚下。 从一个办公室到另一个办公室的过程中不要看书。 不要在过道或走廊上奔跑。 禁止穿高跟鞋
9. 关门时注意手指	9. 关闭任何重门时，避免被夹
10. 当你需要拿一些太高够不到的东西时，使用梯子	10. 不要踩到桌子、橱柜抽屉或办公椅。 这些台阶非常不稳定，可能会导致人跌倒
11. 如果电器需要修理，请叫电工	11. 不要试图修理电风扇或其他电器，让受过培训的人来做这项工作
12. 不要将电线和电话线踩在脚下	12. 避免被遗留在步行区内的电线绊倒人而使人受伤
13. 立即向主管报告受伤或职业病，不管看起来有多轻微	13. 即使是轻微的伤害或职业病也必须报告，因为小的伤害有可能在以后变成更大、更严重的问题
14. 每个人都有责任维护一个安全舒适的工作环境	14. 如果每个人都尽自己的一份力把安全放在首位，就会有一个安全和令人愉快的工作场所

本人已阅读并理解上述安全作业程序。

签字：________________填写日期：________________

签字：________________审核日期：________________

签字：________________审核日期：________________

签字：________________审核日期：________________